"创新设计思维"

数字媒体与艺术设计类新形态丛书

大学摄像教程

第 2 版

陈勤 沈潜◎主编

叶鼎 林文龙◎副主编

人民邮电出版社

北 京

图书在版编目（ＣＩＰ）数据

大学摄像教程 / 陈勤，沈潜主编. -- 2版. -- 北京：
人民邮电出版社，2022.8
（"创新设计思维"数字媒体与艺术设计类新形态丛
书）
ISBN 978-7-115-58176-1

Ⅰ．①大… Ⅱ．①陈… ②沈… Ⅲ．①数字照相机－
摄影技术－高等学校－教材②数字控制摄像机－拍摄技术
－高等学校－教材 Ⅳ．①TB86②TN948.41

中国版本图书馆CIP数据核字(2021)第251035号

内 容 提 要

本书集中当今数码影像的新理论和新技术，并结合编者在摄像专业教学的实践成果，采用了理论与实践结合、图片与文字对照的编写方式，内容通俗易懂，操作简单易行，可满足学生"学用结合、技艺兼修"的需求。本书主要内容包括摄像基础原理、各类摄像器材及其使用方法、简明摄像技法、常见专题摄像和后期编辑等，涵盖从基础知识到高级技艺、从前期拍摄到后期制作、从视频短片到综合专题片等精彩内容。

本书可作为国内本科院校、高职高专院校、成人继续教育院校、职业中专学校的摄像课程教材，也可作为从事摄影摄像工作的专业人员和摄影摄像爱好者自学、研究的培训教材和参考书。

◆ 主　　编　陈　勤　沈　潜
　 副主编　叶　鼎　林文龙
　 责任编辑　韦雅雪
　 责任印制　王　郁　陈　犇
◆ 人民邮电出版社出版发行　　北京市丰台区成寿寺路 11 号
　 邮编　100164　　电子邮件　315@ptpress.com.cn
　 网址　https://www.ptpress.com.cn
　 北京捷迅佳彩印刷有限公司印刷
◆ 开本：787×1092　1/16
　 印张：12.5　　　　　　　　　　2022 年 8 月第 2 版
　 字数：229 千字　　　　　　　2024 年 8 月北京第 4 次印刷

定价：79.80 元

读者服务热线：(010)81055256　印装质量热线：(010)81055316
反盗版热线：(010)81055315
广告经营许可证：京东市监广登字 20170147 号

21 世纪，人类进入了全新的数码影像时代，视频影像和语音信息已经成为人们工作和生活中记录、传播和交流信息不可或缺的工具。视频影像因其直观、动态以及画音结合等特点，可凸显信息的现场感和真实性；同时，后期剪辑和特效技术的运用又可以使视频影像表现出艺术性。因而，不但电视台、影视公司等专业媒介要运用视频摄制技术制作各种新闻片、纪录片、广告片等专题影视作品，而且一般的机关、企事业单位乃至家庭和个人，也都开始离不开视频影像的摄制和应用。例如，单位的重要会议或仪式活动中，除了文本文档之外，往往还需要图片和视频的记录作为存档资料；婚庆、聚会、旅游等场合也流行拍摄视频作为见证和留念；而在当今日益流行的自媒体时代，网络视频更是成为大众娱乐、传播和艺术创作的一种重要方式。总之，视频影像的传播已经无所不在，摄制工具也从专业的摄像机延伸到普通照相机和手机，摄像技术因此也成了当下人们乐于去学习和掌握的工作与生活技能的重要组成部分。

党的二十大报告指出，教育、科技、人才是全面建设社会主义现代化国家的基础性、战略性支撑。在我国的当代教育改革浪潮中，各地高等院校日益重视中华传统文化，加强社科文艺知识的综合教育，以更好地培养崇德敬业、博学求实、多才多艺的人才。许多院校的相关专业根据当代媒介传播的发展趋势，设置了影像传媒的方向，其中摄像就是学生需要掌握的一项重要技术。通过教学培养，近年来已有众多毕业生踏入社会，有的在国家和地区各级广电传媒集团担当技术骨干，有的在各地广告公司挑大梁，也有的独立创业。为开展适应当今新媒体传播的教学改革，并不断深入探寻符合数码影像时代需要的教学实践和理论研究，我们组织编写了这本全新摄像教学强化教材。本书立足于操作技能和实践能力的培养，既可作为摄像专业技术技能教学和培训的教材，也可作为广大学生和数码摄像爱好者自学参考的读本。购买本书的读者可在人邮教育社区（www.ryjiaoyu.com）上下载配套学习资料。

本书由陈勤、沈潜任主编，叶鼎、林文龙任副主编，张子广、连中凯、陈玉臻、杨松柏、程龙英、范晓颖、陈天龙、朱晓军等老师参与了编写。

在本书的编写过程中，得到了北京电影学院杨恩璞教授、华北电力大学佟忠生教授、漳州科技学院曲阜贵教授等老师的关心和指导，在此致以崇高的敬意！此外，北京电影学院、华北电力大学、温州职业技术学院、漳州科技学院、泉州华光职业学院、湖北师范大学等院校师生也对本书的编写给予了极大的支持与帮助，在此表示真诚的感谢！书中还引用了一些国内外专家的论述和经典影视作品画面，在此一并表示诚挚的谢意。

　　数码影像技术的发展日新月异，需要我们与时俱进地不断学习。书中若有不当之处，还望有关专家和广大读者批评指正。

编者

2023 年 5 月

目录

第4章 摄像机的操作使用

第5章 简明用光

第6章 简明构图

第7章 编导基础与分镜头

第8章 摄像专题实战

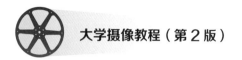

第 9 章　后期编辑制作

第1章

概 论

人类进入 21 世纪，就进入了全新的立体时代——一个由影像画面、语音信息和互动交流共同构成的网络信息时代。

这其中，视频影像担任着极为重要的角色。因为其直观真实、传播方便、实用立体的优点，视频影像成为当今社会人们记录信息并传播交流的重要工具和手段。

摄像技能应该是当前大学生必须具备的基本素质，是一个大学生在立体时代里生活、工作的重要条件，也是一个大学生在科技时代里发展进步的可靠保障。

本章将介绍摄像技术的发展、视频影像的功能与特点，并简要介绍手机视频拍摄基础。

摄像是指以摄像机为工具，根据视觉暂留原理，采用存储介质（磁带、可擦写光盘、闪存卡、微型硬盘等），拍摄并记录包含景物的动态画面和声音信息的视频影像（视频连续画面）的活动。今天，在人类观察世界、改造世界的过程中，摄像技术发挥了非常重要的作用。不论是在人们的日常生活里，还是在科学研究领域中，摄像工具都是非常实用和强大的记录工具，它不仅能再现人眼看到的景物，还可以探索和发现人眼看不清的世界。所以，人们形象地比喻摄像工具为人类的第三只眼。

1.1　摄像技术发展简史

摄像工具是怎样发明出来的，具有哪些功能？摄像技术又有哪些特点，可以用来做什么？这些都是每一个学习摄像技术的人会问的。

摄像技术的发展，可以简单地划分为 4 个阶段：20 世纪前 20 年左右为启蒙时期，20 世纪 30 年代前后到 20 世纪 50 年代前期为电子摄像时期，20 世纪 50 年代中后期到 20 世纪 90 年代为磁录摄像时期，20 世纪 90 年代至今为数码摄像时期。

19 世纪末卢米埃尔兄弟依据摄影（照相）术发明了电影技术（见图 1-1），从而将人们观看连续影像的愿望变为现实（见图 1-2）。从此，人类进入了科学与艺术相结合的影像时代。伴随科技的发展，电影从无声到有声，从黑白到彩色，风靡世界各地。也就是在这

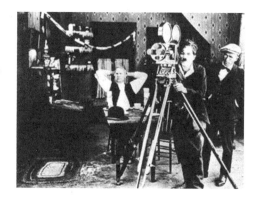

图 1-1　卢米埃尔兄弟发明电影技术

一时期电影的影响下，科学家又开始研究采用光电感光成像（电子成像）来代替胶片感光成像（化学成像），记录连续的影像画面。这就是摄像技术的启蒙时期。

20 世纪 30 年代前后，随着现代物理学研究的深入和电子管科技产品的成熟，科学家根据光电效应的原理（见图 1-3），发展出图像扫描技术，并生产出光电摄像管。综合应用两者，就可以对一个实物对象进行即时拍摄并输出视频影像，这样直接促成了早期的电视的诞生（见图 1-4）。

图 1-2　连续影像——奔马（迈布里奇）

1936 年 11 月 2 日，是摄像技术史上值得庆祝的日子。这一天，英国广播公司打破传统的声音播报形式，在伦敦向公众播出了有史以来第一个电视节目，让人们同时看到和听到了鲜活的视频影像（动态画面和声音）。20 世纪 40 年代至 20 世纪 50 年代前期，电视节目一直采用直播的方式进行播放（见图 1-5），当时不能进行后期编辑加工等处理，摄像工具的功

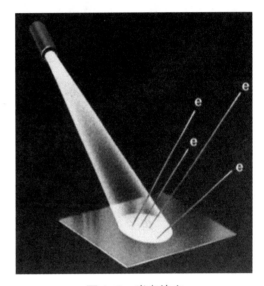

图 1-3　光电效应

能比较简单，类似于现在的摄像头。这就是摄像技术的电子摄像时期。

到了 20 世纪 50 年代中后期，科学家对磁性记录材料有了成熟完整的应用，磁带录像机得以问世并逐步完善。这样就可以使摄像工具拍摄的视频影像很好地存储下来，并打开了后期剪辑加工的大门，促成了录像和后期剪辑的交互发展。从 20 世纪 70 年代开始，电视节目的制作、播放基本实现了以录播方式呈现，电视节目内容因此变得丰富多彩了。摄像技术从单一的摄取转变为摄录，早期摄录一体机可在拍摄的同时对拍摄的内容进行存储（见图 1-6）。这一时期在摄像技术历程中是非常重要的一环，摄像工作开始变得自由、便捷和丰富，也为后来数码摄像打下了重要基础。

从 20 世纪 90 年代开始，摄像技术进入了数码摄像时期。摄像工具将所拍摄的视频影像等信息直接转换成数码信息，并快捷地存储于计算机硬盘或软件中，使拍摄、制作和传播视频影像更加方便。跨入 21 世纪后，数码摄像以其突出的优势，成为摄

图 1-4　早期的电视

图 1-5　早期电视直播

图 1-6　早期摄录一体机

像技术发展和市场消费的主流，也成为人们摄像工作的首选。数码时代的高科技融合，让摄像工具日新月异。当今摄像工具的技术指标和功能非常强大，就拿影像清晰度这个十分重要的技术指标来说，摄像工具从"VCD"的初级清晰度，提升到"DVD"的标清清晰度，又飞跃到"720P"的高清清晰度和"1080P"的全高清清晰度，再到"2K""4K""8K"等超高清清晰度，而且还在不断发展。

党的二十大报告指出："创新是第一动力"。摄像工具的发展历程就是一个不断创新的过程，从手动到自动、从机械到智能、从人工到计算机、从分离到合体，存储介质也从电子到磁录、从磁带到光盘、从光盘到硬盘、从有带到无带，不断在变化。初期的摄像工具又大又重，全靠手动操作，要用三脚架支撑才能作业；中期的摄像工具和录像工具是分离的，工作效率低，移动不方便，受到很多的限制；到了磁录摄像后期和数码摄像时期，摄像工具才开始轻便化、小型化、智能化，可以肩扛和手托，使摄像师们摆脱许多烦琐的技术操作，把精力集中到拍摄创作上，机动、灵活地进行拍摄（见图 1-7）。

近些年，摄像技术又有了全面的拓展，摄像工具不再局限于专业的摄像机，而是发展到了诸多日用工具上，如手机、数码相机、交通监控等。这其中，数码相机的摄像功能已经很强大，几乎逼近一些高档摄像机；而手机的摄像功能另具优势，其便携和高度普及的特点促进了摄像的大众化。从此，摄像进入了人们的日常生活，人人都可以是摄像师。

图 1-7 摄像师们机动、灵活地进行拍摄

1.2 视频影像的功能

1.2.1 记录立体的声画信息

今天，当信步街心公园，陪同亲友游玩时，可以拿着微型"掌中宝"，记录自家小宝宝玩耍和情侣追逐等的快乐时光，留在以后慢慢回味；如果深入高山森林，从事野外科学考察，就可以带上专业级摄像机，拍摄那些珍稀动植物，以便日后进行仔细研究；如果走进电视台，参与电视节目演播，就会操作大型的摄像器材，录制精彩纷呈的电视节目，传播到各地。这些都是视频影像记录功能的应用。

视频影像最主要、最广泛的功能就是记录各种影像和声音信息，并提供给社会大众参考使用，起到交流、证明、研究的作用。电视新闻报道、家庭生活短片和事实资料影像等，都因为视频影像特有的真实性和完整度，为全社会各行各业的人所接受和重视。

纪录类视频影像是时代和社会的客观记录，具有说明有关历史事件真相、揭示社会变革本质的作用，而且是直接参加和推动社会发展的有力武器。例如，当前各国电视台的黄金档节目大多是电视新闻报道，汇集世界各地发生的大小新闻事件。2001年美国"9·11"事件当天，纽约摄像师伊文·费尔班克斯正好在现场拍摄节目，他借助摄像机当即抓拍到第二架飞机撞入世贸中心的镜头，同步记录下美国世贸中心双子塔被撞而倒塌的全过程，并通过电视和网络迅速传播到世界各个角落，成为全世界电视台唯一真实、及时、典型的现场新闻影像（见图1-8）。

图1-8 "9·11"事件影像资料

换个角度看，这些纪录类的视频影像凝固了历史，将一个时期发生的各种社会事件和风土民俗记录下来，使之成为一份清晰的文献资料和可靠的历史档案，可供后人研究所用。清末民初时期有许多重大事件，有的仅存文字记载，但因缺乏真实影像使人无法知晓人物本来面貌，有的则留下了完整的影像。今天人们已经普遍认识到这一点，大量使用视频影像来记录、阐述和研究科技、民俗、文化活动，有了这些视频影像，就可以获得并保存下准确、真实和形象的历史档案。例如，奥运会在北京举办的情景就有大量视频影像记录（见图1-9）。要是没有这样视频的视频影像资料，再过几十年、几百年，我们的后代尽管通过文字也可以了解有关情况，但难免带有一定推测的成分，总不如看真实视频影像了解得深刻、翔实。

（a）奥林匹克公园（陈勤摄）

（b）奥运会颁奖升旗（陈勤摄）

（c）鸟巢（国家体育场）外（陈勤摄）

图1-9 奥运会在北京举办的情景

1.2.2　打开全新的视觉领域

　　人们最初发明摄影摄像工具，是为了将看见的景物图像保存下来。现在的摄像工具拍摄的视频影像不仅可以完成这一任务，还极大地拓展了人类的视觉领域，从时间和空间上都打开了全新的天地，以前所未有的形式影响着现代社会，令现代社会中普通人的思维方式也发生着重大变化。

　　现在的电视节目展示了各种有趣的微观世界和宏观世界，这些人类新视野下的科学发现，在古代是无法做到的。从生理上讲，人的视力非常有限，是看不到分子、原子、细菌、病毒等细微的物体的。有了显微放大摄像装置拍摄的视频影像，科学家就可以看到微观世界里物体的构造、内部运动状态和生长规律，揭开其中的奥秘。人眼也看不清过于庞大的物体。地球是不是圆的，太平洋到底有多大，撒哈拉沙漠的整体面貌如何？人们在日常生活中靠人眼是看不到，也看不全的。可是，借助于安装在人造卫星和宇宙飞船上的摄像工具可以拍摄地球全貌的视频影像，人们就能见到上述地区的整体面貌。例如，中国登月行动的两个工具——"玉兔"和"嫦娥"，它们是什么样的？在月球上如何工作？人们借助摄影摄像都能看见。

　　其实，不光是受制于物体的宏观和微观差异，人眼在时空感知上也有许多缺憾，当物体运动过快或过慢，人眼就不能看清楚。这方面，摄影摄像工具就提供了很好的帮助。利用摄像机的高速摄像（俗称慢动作）功能，可以记录快速运动过程并慢放回看，比如水在空中洒落的过程（见图1-10）；又比如有些教练专门录制体育比

图 1-10　水之梦（陈亚萌摄）

赛里的快速运动的视频影像，然后放慢来研究，从中找出进一步提高的办法。反过来，摄像机的延时摄像（俗称快动作）功能，又可以拍摄花朵开放和虫蛹孵化等缓慢变化的过程，一个本来需要几小时、几天时间完成的变化在视频影像中几秒就可以展示出来。

　　除此之外，摄像工具还可以用于特殊的用途。例如，黑夜中的景物我们是没法看清的，但是利用红外摄像能使黑暗中的对象清晰可见；还有，现代警察在破案中，经常使用紫外摄像手段，将犯罪现场遗留物品表面人眼看不到的印迹，如犯罪嫌疑人的指纹以视频影像的形式记录下来，对破案起到了很好的促进作用。

　　随着科技的进步，摄像机拍摄记录事物的功能将会越来越强，视频影像将会开拓

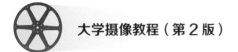

更大、更多的视觉天地，对研究科学问题和扩大人们视野发挥越来越大的作用。

1.2.3 创造丰富的艺术作品

很多人在休息时间会观看时下热门的电视剧。20世纪末，《渴望》《上海滩》《霍元甲》《西游记》《红楼梦》等电视剧的播放，曾引发播出时段街道上的人屈指可数的情景。现在虽然人们的娱乐项目更加多样化了，但是依然有不少电视剧，会"勾"得大众早早等待新一集的播出。我们在欣赏这些艺术作品时，不仅要感谢导演和演员的艺术创造，还应该感谢视频影像呈现的完美效果。

艺术作品都是人类的精神成果，是人们思想、情感和个性的自由表现。不管是音乐、舞蹈、绘画，还是戏剧、文学和杂技等，都是人类千百年来所喜爱和追求的艺术形式和精神乐园。但这些传统艺术门类有个共同特征，就是所使用的工具比较简单，如唱歌靠嗓门，跳舞靠四肢……与它们完全不同，摄影摄像工具是用现代科技武装起来的新兴工具，其精巧、快捷、实用和逼真等特点，展示出强大的力量和现代气息。而用这种新工具、新手段创造出的新型视频影像艺术，如电视剧、广告片、科教片、文艺专题片等，在娱乐欣赏和审美趋向上都更吻合现代大多数人的需求和喜好。

视频影像艺术对人类的文化生活产生着重要影响。谁也没有想到，摄像工具从最初只是为了电视节目录制而出现的科技工具，依靠其强大的视频影像记录本领和实用的自动拍摄功能，很快就成为极受欢迎的艺术创作工具，创造出数量庞大、影响巨大、受众广大的艺术作品。毋庸置疑，今天影视作品受人喜爱的程度和观众面之大，是其他任何艺术望尘莫及的，在高度评价影视艺术的巨大成就时，可不能忘记摄像技术的重要贡献。

1.3 视频影像的特点

1.3.1 视频影像的主要特点

当前，数码摄像如火如荼，视频影像的拍摄题材广泛，内容丰富，形式无拘无束，参与者大众化，呈现出许多新的特点。

1. 大众化

摄像工具日益微型化，操作简便，功能多样，加上非线性后期编辑软件的应用，视频影像成为普通百姓记录影像和表达思想的便捷工具，并将成为现代社会各阶层的主要影像记录和艺术创作的方式。

2. 功能多样化

高科技的不断发展，使小型摄像工具也具有了专业级摄像机多样、强大的功能，在许多场合很大程度上已替代大型摄像工具完成新闻、商业和艺术创作的任务，可以满足人们在工作和创作上的各种需求，并会不断开发扩展出更多、更新的工作功能。

3. 表现形式自由化

小型摄像机、手机、照相机等摄像工具小型、轻便、多功能的优势，对人们探索新颖、自由的影像语言和艺术表现形式极为有利，这将促使更多优秀视频影像的诞生，反过来又将引领和开拓视频影像表现的深度和广度。

4. 记录方式数字化

数字信号符合高清显示的标准，保证了视频影像的声画质量，且存储与传输方便快捷，可与多行业、多领域、多媒介平台融汇接轨。

1.3.2 视频影像摄像和图片摄影的异同

视频影像摄像与图片摄影同属于影像造型门类，遵守着相同的美学规律。

两者都通过视觉认知和平面造型来表现对象，在用光和构图等具体造型法则上基本相同。两者的主要不同之处是：视频影像摄像是连续运动的记录，是声画艺术的结合；图片摄影是瞬间画面的凝固，是静止的"默片"。另外，在工作方式上和传播平台的对接上两者也不一样。

从学习角度看，视频影像摄像应从绘画和图片摄影中吸收养分，借鉴画面构图、透视、光影、色彩等方面的技巧。因为视频影像摄像虽然记录的是连续的画面，但对每一帧的瞬间画面来说，离不开绘画构图和摄影用光知识的应用。因此，学习视频影像摄像技术可以以绘画和图片摄影为基础，并长期参考和研究。

总而言之，视频影像摄像既可以记录真实生活、见证社会万象，还是探索世界、分析事物本质的利器，也是表达主观思想、创造艺术画面的特别手段。高科技的因素虽然为视频影像摄像提供了极大的便利，但真正要拍摄出质量高且比较美观的视频影像，有些重要的图片摄影知识还是必须了解和掌握的。从第2章起，本书将按器材知识、技艺方法和实践要领三大部分来介绍这些视频影像摄像专业知识。

1.4 学视频短片从手机开始

当下，抖音、快手等短视频相关的软件已经成了手机上人们常用的应用软件（Application，App）（见图1-11），拍摄和制作视频短片也成了大众记录生活、表达情感的主要方式之一。

用手机拍摄视频影像，操作其实非常简单。一般只要打开手机相机进入视频拍摄模式，点击录像按钮就可以开始拍摄了。那么拍摄和制作视频短片具体该怎么操作、有哪些技巧要点呢？下面我们以儿童视频短片为例进行介绍。

图 1-11 抖音 App

1.4.1 视频影像拍摄模式选择

在大多数手机上，视频影像拍摄模式有 3 种（见图1-12），即录像模式、慢动作模式、快动作模式，使用这 3 种模式都可以拍摄出漂亮的视频影像。

1. 录像模式

录像模式操作非常简单，在相机工具栏中点击"录像"对应的图标，就可进入录像模式，这时屏幕下方会出现录像按钮（见图 1-13）。只要点击录像按钮，就开始拍摄视频影像了；要结束视频影像拍摄，再次点击该按钮即可。

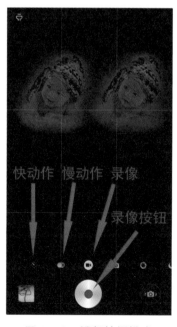

图 1-12 视频拍摄模式

图 1-13 录像模式

2. 慢动作模式与快动作模式

我们进入慢动作模式，就可以拍摄放慢的视频影像画面；进入快动作模式，就可以拍摄加快的视频影像画面。这两种拍摄模式的拍摄操作和录像模式相似。

在这 3 种模式中，录像模式为正常速率的拍摄模式，可得到正常画面效果，是我们拍摄各类视频影像主要的使用模式；而慢动作模式和快动作模式较为特别，一般在制作特殊效果时才会使用。

1.4.2　视频影像拍摄流程

1. 蹲下来拍儿童

要拍好儿童，就要以平等、亲近的态度与儿童相处。可以蹲下来和儿童玩耍、游戏，在这样的气氛下拍儿童会特别自然（见图 1-14）。

2. 开始拍摄

选择录像模式，通过屏幕确定被摄儿童，点击录像按钮，这

图 1-14　蹲下来拍儿童

时按钮中红色圆块变为方块，表示开始视频影像拍摄（见图 1-15）。屏幕上方或右

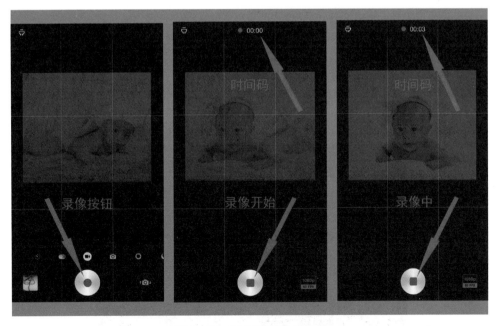

图 1-15　开始视频影像拍摄

上角的时间码前有红色的小圆点闪烁，表示正在拍摄。再次点击录像按钮，就会停止视频影像拍摄。

3. 将镜头对准儿童的脸

在拍摄儿童视频影像时，镜头要对准儿童的脸（见图1-16）。不管是拍摄多人场面还是拍摄局部特写，不管是近拍还是远拍，最好将儿童的笑脸放到画面中心。除了脸部，一双小手也可以当作重点。

4. 以近距离拍摄为主

近距离拍摄儿童指在离儿童1.5米左右处拍摄（见图1-17），并及时跟踪保持这个距离。这样做有2个明显的好处：一是让儿童在画面中显得稍微大一些，更明显突出；二是有利于录下儿童的声音信息。

图1-16　镜头对准儿童的脸

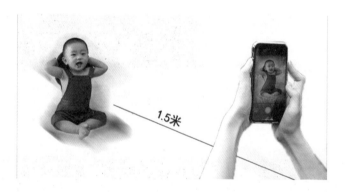

图1-17　近距离拍摄

在此基础上，我们也可以对屏幕画面进行缩放或适当改变拍摄距离，使视频画面上的人物出现生动的大小变化（见图1-18）。

图1-18　改变拍摄距离

5. 停止拍摄

从开拍到停拍是一个记录连续画面的时间过程，也就是行业内所说的一个镜头。通常镜头长度为：特写 2 秒左右，中近景 5 秒左右，全景 10 秒左右，运动场景时间自定。

假如我们已经拍摄了 10 秒的视频影像，需要停止拍摄，那么就点击录像按钮，这时按钮中的红色方块变为圆，屏幕上方或右上角的时间码消失，表示这一次（一段）视频短片拍摄结束（见图 1-19），得到了一个 10 秒长度的儿童视频短片素材。

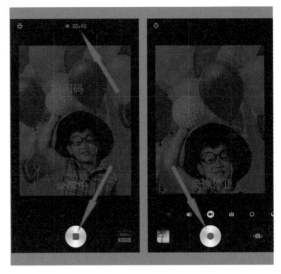

图 1-19　停止拍摄

6. 回看检查与重拍

完成视频短片素材的拍摄后，视频短片素材就会存储在手机相册里（见图 1-20）。这时回看检查有没有问题，有问题可立刻重拍。如果没问题，就可以更换拍摄角度开拍新的视频短片素材。

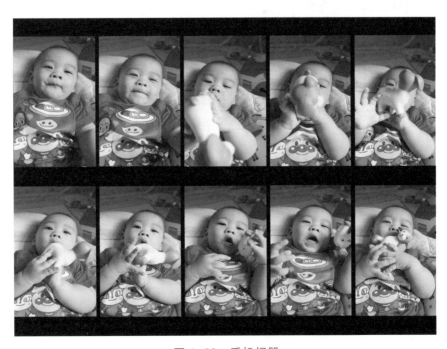

图 1-20　手机相册

每拍摄一次，就可以得到一段视频影像，视频影像长度从几秒到几分不等。经过多次的拍摄，就可得到多个视频影像，这些都属于前期素材。

1.4.3　视频短片快速制作

当我们拍摄了足够的素材后（几个或者几十个），就可以利用手机视频编辑软件快速将这些素材连接起来，使之成为一个精彩的儿童视频短片。

打开手机视频编辑软件（见图1-21），导入前面拍摄的素材，按照合理的顺序排列（见图1-22）。

图1-21　手机视频编辑软件

图1-22　导入素材并排列

适当修饰画面，加上一些转场特效和字幕、音效，最后配上视频短片的片头、片尾（见图1-23），这时导出来的《童乐》就是一个原创的儿童视频短片，可以发到抖音和快手等App上了。

图 1-23 配片头和片尾

思考和训练题

(1)摄像技术的发展经历了哪 4 个阶段?

(2)英国广播公司在哪一天向公众播出了有史以来第一个电视节目?

(3)摄像技术从什么年代开始进入了数码摄像时期?

(4)视频影像的功能有哪几个方面?

(5)简述当前的视频影像的功能具有的特点。

(6)简述视频影像摄像与图片摄影的不同之处。

第2章

摄影成像的主要原理

在拿起摄像工具摄像之时，常有人会问："摄像工具与人眼有没有关系？它们的成像原理是否一样？"这两个问题虽然与具体的摄像没有直接关系，但其中隐藏着摄像的基本原理，对此稍加了解对学习摄像有很大好处。所以，本章的学习就从回答这两个问题开始，先弄明白有关的基础原理。

摄像的本质是人们通过摄像机等工具，把所见到的具体事物记录和保留下来，以供观看。在摄像的过程中，所使用的工具（摄像机镜头和感光、存储元件）具有关键作用。镜头能把拍摄对象"吸纳"并聚焦到机身内形成影像，感光、存储元件能把镜头透射进来的影像记录在存储介质上，成为可视、可保存的视频影像。

2.1　摄影摄像成像原理

摄影摄像的基本原理，主要源于小孔成像原理（见图 2-1）。小孔成像原理是指景物的影像可以通过一个小孔，在小孔另一侧的封闭空间里形成倒立的影像，这是人们最早发现的成像原理。

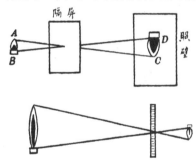

图 2-1　小孔成像原理示意

早在公元前 4 世纪，中国先哲墨翟在《墨经》里就记录了他看到的太阳通过树叶间的小孔在地面形成的投影。北宋时期，科学家沈括又在他的著作《梦溪笔谈》里，对小孔成像原理进行了细致的描述。

小孔成像原理最早被画家应用在绘画方面。公元 7 世纪时，在欧洲就有一些画家利用小孔成像的原理制造了绘画暗箱，绘画暗箱把外界景物的影像折射到箱子里的玻璃板上，画家就按此勾描景物的轮廓（见图 2-2）。

随着人们的探索，人们又发现了凸透镜的成像原理。凸透镜成像原理指景物反射出的影像光线经过凸透镜的汇聚，可以在凸透

图 2-2　画家利用绘画暗箱绘画

镜另一侧形成一个倒立的影像。图2-3展示了人眼成像和凸透镜成像的区别。凸透镜成像的特性促进了摄影镜头的发明，也促进了摄影技术的发展。凸透镜成像原理的发现和应用，是现代摄影摄像技术极重要的基础。

到了近代，人们在这些原理和实践的基础上，发明了电影、电视等影像技术与工具。

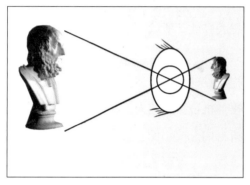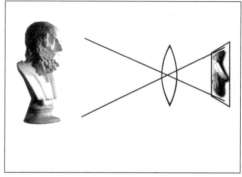

（a）人眼成像示意 　　　　　　　　　（b）凸透镜成像示意

图2-3　人眼成像和凸透镜成像的区别

2.2　摄像机成像的原理

2.2.1　光电信号接收与转换

通过镜头形成的影像，必须固定和显示出来，才可以让人们自由方便地观赏。这就要靠摄像机内的感光元件来记录、转换影像。从实质上看，摄像机的成像过程是一个光电信号接收与转换的处理过程（见图2-4）。

首先参与成像过程的是摄像镜头。摄像镜头根据凸透镜成像原理，将景物的影像投射到感光元件所在的焦平

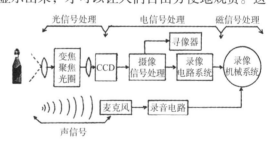

图2-4　摄像机的光电信号处理过程

面上；位于焦平面的感光元件通电后接收影像光线，将影像处理成电信号输送到摄像机的中心处理器；中心处理器对收到的电信号进行再处理，然后存储到存储介质上。这时，如果存储介质是磁带，摄像机要将信息数据转化成电磁信号存储到磁带上；如果存储介质是闪存卡之类的现代存储设备，则以数据形式存储到存储介质上，完成摄和录两部分过程。

2.2.2　摄像机成像与人眼成像的异同

摄像机成像与人眼成像的原理基本是一致的，只是影像载体不同。摄像机承载记录影像的是感光元件，而人眼聚焦形成的影像是落在视网膜上的。

摄像机成像的大致过程是：拍摄对象的反射光，通过镜头聚焦到摄像机内的感光元件上形成影像（参见前文人眼成像和凸透镜成像的示意图）。一般来说，常用的摄像机基本都是根据人眼感受光、色的特性设计和制造的，并追求还原人眼的感受。因此两者在对光这一先决条件上的要求完全一致，没有光就看不见影像，就不能拍摄影像。当走进黑暗无光的室内，眼前漆黑一片，如果拿起摄像机拍摄视频，那么无论是传统摄像机还是数码摄像机，都无法记录任何影像。所以说，光是摄像的前提和基础。

但两者在许多地方又有很大不同，具体来说主要有以下几点。

（1）调节光线的不同。摄像机镜头靠人工调节或者由自动曝光程序控制通光量。人眼可以自动调节明暗，如从黑暗的室内到强烈的阳光下时，会睁不开眼睛，闭眼片刻后睁眼，就能逐渐看清强光下的景物；反之亦然。

（2）视觉感受差异大。人眼可以在从白雪到黑炭这样明暗差距极大（明暗亮度之比在 1∶300 以上）的范围内工作，并能迅速调整获得合适的视觉影像。而摄像机感光元件就做不到，其只适宜明暗亮度之比在 1∶128 以下的明暗差距。若拍摄对象的明暗亮度之比超出了影像明暗亮度比值范围，就得不到理想的影像。过亮部分会雪白一片，过暗部分则漆黑一片，缺乏影像的层次和细节。

（3）对光源色相、白平衡的调节不同。不同光源（色温不同）照射到白色物体上，会呈现出不同的颜色，如钨丝灯下物体会偏橙黄色，日光灯下物体会偏浅蓝色。人眼观看不同光源照射下的物体时，可以自我调节，克服色差，将不同光源下的白色物体都视为白色（实际上有差别）；而摄像机感受光色时，如果不进行光源的白平衡调整，就会出现"白色不白"的问题。不过现在的数码摄像机，已经可以通过白平衡装置调节来适应不同光源光色的变化，以保证白色的正确还原。

2.3　有关影像的基础知识

2.3.1　光的常识

太阳光经过三棱镜折射后会分散出红、橙、黄、绿、蓝、靛、紫 7 种颜色的可见光，这 7 种单色光叫作七色光。将七色光混合后又可还原为白色的太阳光。

现代物理学认为，光是电磁波的一部分。电磁波谱包括的范围很广，包括波长为数百米的无线电波至波长为 10^{-13}m 的 γ 射线。肉眼可见的光是电磁波的一部分，雷达波、X 射线也属于电磁波。

人眼只对波长为 380 ~ 760nm 的光敏感，这一范围内的电磁波谱就是可见光谱（见图 2-5）。不同波长的可见光会呈现出不同的颜色（见图 2-6），如波长为 380 ~ 430nm 的光为紫色，波长为 450 ~ 485nm 的光为蓝色，随着光波由短到长的变化，光的颜色也发生相应的变化。不同波长的可见光均匀混合后，就形成人们常见的白光（如日光）。

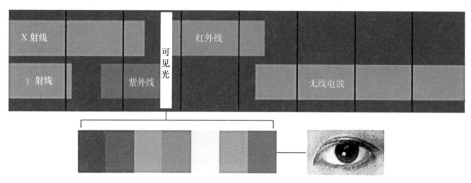

图 2-5　可见光谱

七色光中，红色光波长最长，紫色光波长最短。红色光之外有肉眼看不见的电磁波，叫作红外线；紫色光之外也有肉眼看不见的电磁波，叫作紫外线。七色光中光线的波长越长，越偏向红色；波长越短，越偏向紫色。

2.3.2　光的混合原理

红、绿、蓝三原色光混合，可以组成白色光。其中，"红色光＋绿色光"（重叠处）是黄色光，"红色光＋蓝色光"（重叠处）是品红色光，"蓝色光＋绿色光"（重叠处）是青色光，即加法混合（见图 2-7）。

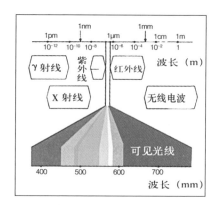

图 2-6　可见光波长与颜色的关系

在白色光中减去红色光，就成青色光，减去蓝色光就成黄色光，减去绿色光就成品红色光。三色同时被减去，则为黑色光，即减法混合（见图 2-8）。

这就是光的混合原理。

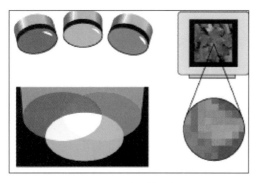

图 2-7　加法混合

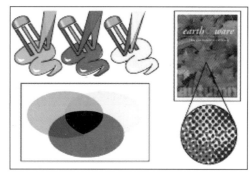

图 2-8　减法混合

2.3.3　照度与亮度

照度可以描述拍摄对象受照面被照明的程度（见图 2-9）。照度定义为单位面积上所接受的光通量。照度的大小与光源的发光强度有关，光源的发光强度越大，则照度越高。如果光源的发光强度不变，则光源距离拍摄对象越近，拍摄对象的照度越高——照度与距离的平方成反比关系，而与拍摄对象

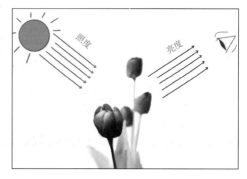

图 2-9　照度与亮度示意

的反光特性无关。一旦光源的强度与位置确定，拍摄对象的照度就确定了。

在人眼观察方向看到的光线的明暗程度叫亮度。亮度与拍摄对象受到光线照射的强度 E 和拍摄对象的反光率有关。在相同的照度下，反光率越高的物体亮度越高；反光率相同的物体，受到光线照射的照度越高，则其亮度越高。

2.3.4　视觉残留

视觉残留又称余晖效应，最先由英国伦敦大学教授彼得在 1842 年提出。它是指人眼在观察事物时，外界光信号传入大脑神经需要经过一段短暂的时间，光的作用结束后，视觉形象并不会马上消失（见图 2-10）。这种残留的视觉形象称为"后像"。

图 2-10　风扇转动时的视觉残留现象

也就是说，当物体在快速运动时，人们所看到的影像消失后，人眼仍然能够继续保留其影像 0.1～0.4s。这是由视神经较慢的反应速度造成的，其值约为 1/24s，视觉残留现象是动画、电影、电视剧等视觉媒体形式形成与传播的基础。

2.3.5　空间透视

在立体空间的展示上，透视关系非常重要。透视有两种表现形态，即线条透视和空气透视。线条透视也称几何透视，其特点是物体的形体近大远小、近高远低（见图2-11），物体在空间中延伸向远方，最终汇聚在一点消失。空气透视也称梯度透视，其特点是物体的色彩近深远浅、近浓远淡（见图2-12），物体在空间中延伸向远方，最终与空气混为一体。

图2-11　线条透视——决战前夕（《阿凡达》）　　图2-12　空气透视——晨曦（杨松摄）

2.3.6　镜头

视频影像中所指的镜头，并非物理意义或光学意义上的镜头，而是指摄像工具不间断录制的一段画面（见图2-13）。镜头是承载影像的基本单位，任何一部影片都是由一个个镜头组成的。一个个孤立的镜头，经过编辑后有机连接起来，可构成一个段落或场面，进而构成完整的影片。

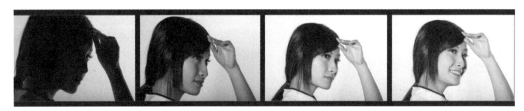

图2-13　《蓦然回首》中的一个镜头（陈勤摄）

在前期拍摄中，镜头是指摄像机从开启到关闭不间断摄取的一段画面的总和；在后期编辑时，镜头是指两个剪辑点间的一组画面；在完成片中，一个镜头是指从前一个光学转换到后一个光学转换的完整片段。

2.3.7　景深原理

景深就是拍摄景物后获得的影像清晰范围。

景深是摄影镜头成像的一个特性，主要是指拍摄的影像在焦点（对焦点）物体清晰时，从这个清晰物体向前、后延伸（前面一段距离到后面一段距离）的清晰范围有多大。可见它的大小与焦点直接关联。景深也分前景深（焦点前清晰范围）和后景深（焦点后清晰范围），一般后景深要大于前景深，两者的比例大约是 2：1。

景深受光圈、焦距和拍摄距离 3 个因素的影响（见图 2-14）。简要来说就是：光圈大，景深小，光圈小，景深大；焦距长，景深小，焦距短，景深大；距离近，景深小，距离远，景深大。上述 3 个因素中的任意一个都会影响景深，合起来对景深效果的影响就更大。在 3 个因素共同作用下，可使拍摄的画面出现虚实不一的影像效果。

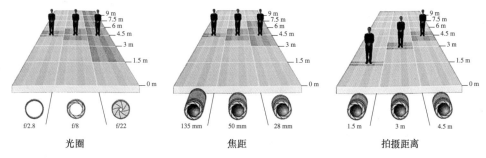

图 2-14　影响景深的 3 个因素

2.3.8　视频影像

视频影像主要是指以摄像工具记录方式获得的连续动态影像。

视频影像是现代高科技的摄影技术成果。它最早从电视系统发展而来，现在融合了传统照相、传统电视、计算机技术、扫描影像、网络宽带、数字电视、数字摄影、多媒体影像等多种技术和媒体方式。

2.3.9　像素与画面质量

数码摄像机采用的感光元件不是胶片，而是数码化的图像传感器——光电芯片。光电芯片上布满了一个个像素（小方块状），1000 万像素的摄像机的芯片上有 1000 万个像素。摄像过程中的每一个画面，都是由光电芯片上的一个个像素组成的。像素的数量对应着画面质量，即 1 像素的摄像机能获得 1 像素的视频画面，1000 万像素

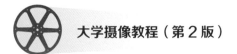

的摄像机能获得 1000 万像素的视频画面。像素的多少，直接决定了视频影像的质量好坏（清晰度、层次过渡、细节信息等）。通常像素越多，分辨率越高，清晰度越高，则视频影像质量越好。

2.3.10 制式

世界各地的播映制式（视频影像播映系统）主要分为 PAL（Phase Alternation Line）、NTSC（National Television System Committee）、SECAM（Sequential Color and Memory）三大类。

1. PAL 制式（25 帧 / 秒）

欧洲以英国为代表，亚洲以中国为代表，全球有近50个国家和地区采用PAL制式。

2. NTSC 制式（29.97 帧 / 秒，通常称 30 帧 / 秒）

美洲以美国为代表，亚洲以日本为代表，全球有 30 多个国家和地区采用 NTSC 制式。

3. SECAM 制式（25 帧 / 秒）

欧洲以法国为代表，亚洲以蒙古国为代表，全球有近 30 个国家和地区采用 SECAM 制式。

播映制式的差异，主要在于影像播出的帧率和格式。不同的播映制式，可以通过选择摄像机工作制式来设定。比如在英国和中国，选择 PAL 制式来拍摄视频影像，即可直接输出播放；而在美国和日本，选择 NTSC 制式来拍摄视频影像，即可直接输出播放。中国的 PAL 制式的视频影像如果要到美国或日本去播映，就要转换为 NTSC 制式的视频影像才能播映。不同制式的视频影像，可以通过有关的数码图像软件进行转换。如果是在计算机上播放，则不受制式的影响，因为播放软件会自动识别视频文件的格式。

2.4 摄像机的主要类型

目前市面上有各种各样的摄像机，它们的造型差异巨大，功能各有特点，价格高低悬殊。面对数以万计的摄像机，应该如何选择？对初学者来说，首先就要明白摄像机的类型和用途，从而根据需要挑选合意的机器。

摄像机有 4 种分类方式：按专业用途分类，按存储介质类，按感光元件分类，按清晰度分类。其中，常用的分类方式是按专业用途分类，各家器材店基本上都是依照此分类方式来分级定价的；了解其他几种分类方式，则对于掌握摄像机的技术特点有一定的帮助。

2.4.1　按专业用途分类

摄像机按专业用途，通常分为家用级（消费级）、专业级（业务级）和广播级 3 类。从品质和价位上看，家用级价廉而品质一般，广播级价高而品质精美，专业级则介乎两者之间。

1. 家用级摄像机

家用级摄像机（见图 2-15）主要应用在对图像质量要求不高的场合，比如家庭聚会、群众娱乐等。这类摄像机俗称为"掌中宝"，其体积小巧，质量轻，便于携带。除了用于个人、家庭娱乐外，许多特殊条件下的拍摄也经常采用这类机型，比如体育特技摄像等。家用级摄像机的特点是高度智能化，操作简单，价格便宜。

图 2-15　家用级摄像机

随着人们对于生活影像记录需求的增加，大多数家庭购买了这一类摄像机。在对图像质量要求不高的场合，用家用级摄像机拍摄一般节目、拍摄记录个人影像，是一种较好的选择。

2. 专业级摄像机

专业级摄像机（见图 2-16）一般应用在广播电视以外的专业领域，如电化教育、工业、医疗等。这种摄像机比较轻便，价格适中，拍摄的影像质量略低于广播级摄像机。但专业级摄像机紧跟广播级摄像机的发展，更新很快，尤其在近几年，感光元件的制造技术水平有了很大提高，使得专业级摄像机在性能指标等很多方面已

图 2-16　专业级摄像机

超越过去的广播级摄像机，专业级摄像机在清晰度、信噪比、灵敏度等重要指标上，已和广播级摄像机没有太大区别。如果说专业级摄像机有不足，那就是在耐用度和特殊性能方面，还达不到广播级摄像机的水平。

3.广播级摄像机

广播级摄像机（见图 2-17）主要应用
于广播电视领域，如与电视台、影视公司、
专业广告公司等机构的业务相关的领域。
这种摄像机拍摄的视频影像质量极好，机
器结实耐用，功能全面而强大，但是价格
也往往较高，体积和质量也比较大。与其
他两种级别的摄像机不同的是，广播级摄
像机强调手动操控能力，不走智能化的路
子；广播级摄像机对附属设备的要求多而

图 2-17　广播级摄像机

高，其中部分在演播室内使用的广播级摄像机必须要有三脚架支撑，有的依赖斯坦尼
康运动系统，有的还要放在高大的摇臂上。因此，对于这类摄像机会细分出各种专用
机和附属设备，形成庞大的摄录系统和复杂的操控设备配置，无论是价格还是使用和
维护的成本，通常都是非个人所能承担的。

2.4.2　按存储介质分类

根据存储介质的区别，可以将摄像机分为磁带摄像机、光盘摄像机、硬盘摄像机
和闪存卡摄像机等。不同介质的存储方式都有自己的特点，也使相应的摄像机具备某
些特殊性。由于摄像技术发展的多样化，存储介质一直在发生变化，因此会有不同存
储介质的摄像机同时存在。

1.磁带摄像机

早期的摄像机大多以磁带为存储介质
（见图 2-18）。磁带存储方式的优点是技
术成熟、成本较低，已经拍摄的影像素材
不会因为操作失误而轻易丢失。但其也有
几个不足之处：首先就是磁带在反复使用
的过程中容易损坏，在多次复制时影像的
画质会受到损害；其次是磁带体积限制了
摄像机体积的微型化；再次是磁带易老化，
存储影像的时间较短；最后是后期编辑麻

图 2-18　磁带摄像机

烦，不能实现非线性编辑。目前磁带摄像机已属于"淘汰产品"，近几年各个厂家基

本停止了磁带摄像机的研发和生产，社会上一般只有电视台等少数专业视频影像机构因为系统承接关系，还在使用磁带摄像机。随着科技发展，磁带摄像机很快就会退出历史舞台。

2. 光盘摄像机

光盘摄像机（见图 2-19）是采用光盘来存储影像信息的一类摄像机。因为光盘本身体积和容量的因素，这类摄像机的体积也难以向微型化发展，同时光盘在存储和保存过程中也容易损坏，所以这些年光盘摄像机也已"走下坡路"。需要说明的是，光盘摄像机中有一种蓝光摄像机，其采用的蓝光光盘可以多次

图 2-19　光盘摄像机

使用，可以拍摄并将影像信息存储在蓝光光盘上，且拍摄的画面质量会很好，是一种专业级摄像机。但由于蓝光设备本身没有普及，无法得到充分发展，目前仅有少数专业机构还在使用这种摄像机。

3. 硬盘摄像机

硬盘摄像机（见图 2-20）是采用内置硬盘存储影像信息的一类摄像机，目前占据着一定的市场份额。硬盘摄像机通过内置的大容量硬盘来工作，一个内置硬盘通常有几十吉比特的容量，有的甚至可以达到几百吉比特，可以存储十几甚至几十小时的影像信息，让硬盘摄像机具有其他

图 2-20　硬盘摄像机

摄像机所没有的超大容量优势。但是摄像机内置硬盘有个缺点，就是抗震性和稳定性不是非常好，遇到震动、摔打、碰撞容易损坏，这限制了硬盘摄像机的进一步发展。可想而知，一旦硬盘损坏，也就意味着摄像机的损坏。因此，内置硬盘的摄像机在今后的发展中只有弥补上述缺点，才不会面临日渐停滞的尴尬处境。

4. 闪存卡摄像机

闪存卡摄像机就是采用微型闪存卡作为存储介质的新型摄像机。作为现在市面上的"主流"，不管是专业级摄像机还是家用级摄像机，闪存卡存储方式都被广泛采用（见图 2-21）。闪存卡其实就是一种固态的迷你硬盘，有非常好的便携性和稳定性。

几年前闪存卡的容量只有几吉比特，这是这类摄像机的一个短板。但随着科技的发展，现在闪存卡的容量已经飞速扩大，甚至出现了单卡容量高达几百吉比特的闪存卡，并且这种闪存卡还有很高的读取和写入速度，很符合现在高清视频影像时代的大容量数据要求。另外，闪存卡微型、便

图 2-21　装卡示意

携且高度兼容，可以非常方便地将视频影像复制到计算机等剪辑设备中，是其他存储介质所难以比拟的。

2.4.3　按感光元件分类

根据摄像机感光元件的不同，可以将摄像机分为单感光元件的单片机和三感光元件的三片机。摄像机感知光线的部分叫感光元件，它负责感受和记录外界景物的光线。众所周知白色光是由三原色光构成的，摄像机对影像的记录过程实际上就是其感光元件分别记录红、绿、蓝三原色光的过程。

1. 单片机

单片机（见图 2-22）只有一个感光元件。在这一片感光元件上，细小的光敏元件按阵列的方式排列，其中有 1/4 的光敏元件对红光进行感光，1/4 的光敏元件对蓝光进行感光，剩下的 1/2 的光敏元件对绿光进行感光。摄像机内处理器会对所接收的光信号进行分析合成，并记录存储

图 2-22　单片机

这些影像信息。单片机造价相对低廉，但拍摄的影像画质较差，主要为中、低档的摄像机。

2. 三片机

三片机（见图 2-23）有 3 个感光元件，外界的光线通过镜头后要通过一个分色三棱镜，分解成红、绿、蓝 3 种不同的光，分别折射到 3 个不同的感光元件上。3 个感光元件分别收集各自单色通道的影像信息，再由摄像机内处理器分析合成，并记录存储这些影像信息。三片机的制造复杂且成本高，主要在专业领域使用。

单片机生产成本较低，摄像机体积容易实现微型化，但成像质量相对同等级的三

片机来说要差一些。三片机因为对光分色记录，感光元件比同规格的单片机的单个感光元件面积大，接收光信息更多，所以其记录的影像色彩饱和度、锐度和曝光宽容度等都更好。但近些年随着科技的发展，大型感光元件在摄像机上运用，使得成像质量突飞猛进，令部分单片机的成像质量也达到了很高的水平。

图 2-23　三片机

2.4.4　按清晰度分类

按照摄像机所拍摄的视频画面的清晰度（解析度），摄像机可以分为标清摄像机、高清摄像机和全高清摄像机 3 种。因为摄像机本身（制造精度、芯片大小和材料等）的不同，会导致摄像机记录的画面在清晰度上出现差别，即摄像机记录的画面像素不一样（见图 2-24）。

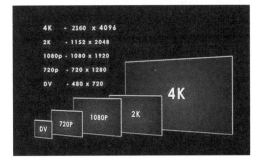

图 2-24　不同画面的清晰标准比较

1. 标清摄像机

标清画面一般是指物理分辨率在 720P以内（标清摄像机如图 2-25 所示）的画面，画面的长宽比大多为 4：3。比如，前些年常见的电视节目的分辨率是 720×576，常见的 DVD 影片的分辨率是 640×480，这些都属于标清的行列。其实，标清已经普及了很多年，目前正逐渐被更高的清晰标准所取代。

图 2-25　标清摄像机

2. 高清摄像机

高清画面一般是指物理分辨率为 1280×720（高清摄像机如图 2-26 所示）的画面，画面的长宽比是 16：9。高清（High Definition）也简称 HD。虽然高清画面要比标清画面清晰度高，但是高清画面标准在推出之后，还没有大量普及就很快被更高的全高清画面标准所取代。

3. 全高清摄像机

全高清画面一般是指物理分辨率为 1920×1080 的画面（包括索尼全高清的 MP4 格式），画面的长宽比也是 16∶9。全高清（Full High Definition）简称为 FULL HD，全高清画面的清晰度一般是高清画面的两倍。由于画面所呈现的优质效果，加上当前数码技术的成熟应用，全高清如今正在大量普及，各级电视台也正在进行硬件升级。在此基础上，4K 及更高的清晰度技术，目前也已经开始使用，4K 摄像机如图 2-27 所示。

图 2-26　高清摄像机

图 2-27　4K 摄像机

2.5　新型摄像设备

有句话说得好，"21 世纪，人人都是摄影师"。随着科技的高速发展，摄像已不再是摄像机的专属功能，一些新型摄像设备正在蓬勃发展。目前新型摄像设备的代表主要有手机和数码相机。

1. 手机

目前几乎所有的智能手机上，摄像功能都是必备功能。人人都能用手机摄像（见图 2-28），大大促进了摄像的普及。同时，手机的便携性让其摄像功能可用于在各种突发事件现场及时记录事实影像。我们常常可以在网络和电视上看到用手机拍摄的视频，手机能快速地向大众传递一些富有意义的视频影像，而且相关视频影像的数量越来越多。

图 2-28　用手机摄像

2. 数码相机

在数字化的今天，一台数码相机就是一台摄像机，数码相机与摄像机的界限开始模糊。数码相机的摄像功能有其自身的优势，有些是摄像机不能比拟的。比如，有些数码相机的感光元件比摄像机的更大，而感光元件的面积影响画面的成像质量，也影响画面的景深效果，所以用这类数码相机拍摄的视频影像成像质量很好、景深效果强，更容易得到电影般小景深的画面效果（见图 2-29）。再如，数码单反相机能够更换镜头，有庞大的镜头群等配件可供选择（见图 2-30）。而且相比摄像机，使用数码相机相对来说成本较低，因而其在近几年的微电影领域得以大量应用，也为视频影像的普及做了很大的贡献。

可以预见的是，现有的手机和数码相机将会进一步强化摄像功能，同时摄像功能也将会以更多的形式出现。

图 2-29　数码相机摄影

图 2-30　数码相机配件

2.6　摄像机选购要则

1. 根据用途定机型

应先明确将来拍摄的主要对象和摄像机用途，再根据需要来选购相应的摄像机。如果只是家庭日常生活记录和旅游风光留念，那么选择家用级摄像机就足够了。家用级摄像机既有轻便的优点又具备众多的自动调节功能，操作起来省心，而且拍摄出的画面质量也不错。如果是想拍摄一些节目用于电视台播出，则可以考虑专业级摄像机，应尽量考虑三片机并使用众多手动功能，这些都是保证画质和精确操作的前提条件。至于广播级摄像机等设备，就要根据自身的经济实力来选择了。

2. 画面质量和艺术效果是重点

想要拍摄的画面质量和艺术效果是要考虑的重点。画面质量这一点，可以从摄像

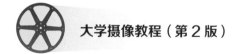

机拍摄的画面的清晰度来筛选，一般有全高清的就不选高清的，更不要选标清摄像机。在艺术效果上主要看画面的小景深效果，如果喜欢背景虚化的画面，就选择感光元件大的摄像机，数码相机也可以。总之，感光元件面积越大，背景越容易被虚化。一些数码单反相机摄像的虚化效果甚至比广播级摄像机的还要好，但也会给拍摄清晰画面时的跟焦带来困难。

3. 量力而行不能忘

买摄像机当然还要考虑经济问题，不能盲目地借钱买贵重的摄像机，而是要量力而行。如果摄像机是用来接业务赚钱的，那么可以买好一些的摄像机；如果摄像机只是用来记录生活的，那么普通的家用级摄像机就够了，甚至数码相机和手机的摄像功能，都可以满足需求。

思考和训练题

（1）摄影摄像成像的原理是什么？

（2）摄影机成像的原理是什么？

（3）太阳光经过三棱镜折射后可分成几种单色光？

（4）什么是三原色光？

（5）简述视觉残留原理。

（6）空间透视的两种表现形态是什么？

（7）影片中常说的镜头是物理意义或光学意义上的镜头吗？

（8）简述摄像机的常见分类。

（9）怎样选购摄像机？

第 3 章

摄像机的基本结构及功能

一台摄像机看起来形状奇特，复杂精密，零件无数，但是从结构上来看无非由取景系统、成像系统、控制系统、电源和存储系统、输出系统、录音系统等部分组成。本章将对摄像机的各组成部分进行详细介绍，并且还将介绍摄像机的辅助器材和有关技术指标。

3.1 取景、成像系统

摄像机的取景系统是用来观察景物和聚焦成像的重要部件，主要有镜头、取景器（包括显示屏）两大部分。

3.1.1 镜头

镜头是摄像机的"眼睛"，通过它可以观察景物并形成影像。对摄像机来说，它是非常重要的部分。摄像机的镜头有各种类型和参数，直接决定着摄像画面的质量与艺术效果，我们应充分认识它。

图 3-1　不同类型的镜头

1. 镜头焦距

摄像机镜头虽然有很多种类型（见图3-1），但都是由透镜系统组合而成的，包含许多不同的凹、凸透镜，整体上可以看作一个特定焦距的凸透镜，用来对景物进行成像。通常镜头是按焦距进行分类的。在镜头的镜圈上可看到一组数据，如"50mm"或"28mm"等，这就是镜头焦距的标志。

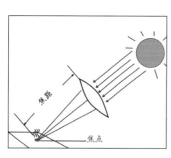

图 3-2　焦距示意

什么是焦距？我们先从普通凸透镜说起：用一个放大镜（凸透镜）把阳光汇聚到一张白纸或一片枯叶上的一点，这一点就会烧焦，在光学上就将这一点叫作焦点；从焦点到透镜中心的距离，在光学上称为焦距（见图3-2）。镜头是由一组透镜组成的，所以焦距不是指从镜头透镜中心点到焦点成像（聚焦）平面的距离，而应是由透镜的主点算起，即镜头焦距的定义是从镜头主点到成像（聚焦）平面的距离（见图 3-3）。每个镜头会有自己的焦距，不同焦距的镜头会有不同的长度（见图 3-4）。焦距决定了景物成像的大小。一般焦距越长，景物成像越大。

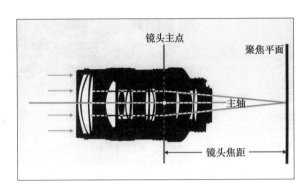

图 3-3　镜头焦距示意

图 3-4　各种焦距的镜头

2. 镜头类型

镜头按焦距类型分，有固定焦距的定焦镜头，也有可灵活变动焦距的变焦镜头。镜头焦距短至几毫米，长到几米不等，主要分为标准焦距、短焦距、长焦距 3 种类型。综合来看，镜头可分为标准镜头、广角镜头、长焦距镜头和变焦距镜头。

（1）标准镜头

与人眼视角大致相同的镜头（视角为 46°）叫作标准镜头。标准镜头的焦距与摄像机画幅对角线长度相近。例如，全画幅摄像机标准镜头的焦距范围一般为 50mm 左右。标准镜头成像的特点有：与人眼视觉感受相似（见图 3-5），没有夸张变形，成像质量好。这类镜头很适合拍摄正常效果的画面，

图 3-5　标准镜头成像展示

因此在要求真实的纪录类（新闻、资料）题材中用得很多。

（2）广角镜头（短焦距镜头）

比标准镜头焦距短、视角广的镜头称为广角镜头。全画幅摄像机的广角镜头焦距从 9mm 到 38mm 不等，视角从 60° 到 180° 不等。其中，焦距在 20mm 左右，视角在 90° 左右的镜头为大广角镜头；而焦距在 10mm 左右，视角接近 180° 的镜头称为"鱼眼镜头"。

用广角镜头拍摄的画面，视野宽阔，空间纵深度大，可以展示强烈的立体感和空间效果（见图 3-6）。同时，广角镜头对拍摄对象的成像具有较大的透视变形作用，会造成一定程度的扭曲失真。这种扭曲失真会随着视角的增大而加剧，在鱼眼镜头中表现得尤其明显，所产生的影像效果有时会近于奇特、怪诞，但如果使用得当，鱼眼镜头的成像效果会显得格外有趣（见图 3-7）。

图 3-6　广角镜头成像展示

图 3-7　鱼眼镜头成像展示

（3）长焦距镜头（望远镜头）

比标准镜头焦距长、视角小的镜头称为长焦距镜头。全画幅摄像机的长焦距镜头焦距从 100mm 到 1000mm 不等，视角从 5° 到 30° 不等。其中，焦距为 100mm 左右的镜头又称为中长焦镜头，焦距为 200mm 以上的镜头又称为长焦望远镜头。因为长焦距镜头具有放大成像的特点，能将远距离对象拉近，获得较大的影像（见图 3-8），而且拍摄时不会惊动拍摄对象，很适合抓拍自然生动的画面。长焦距镜头也会产生一种变形，就是会将景物压缩在一起，减弱景物原有的立体感和空间感。

（4）变焦距镜头

现在的摄像机一般都会安装可变换焦距的镜头——变焦镜头（见图 3-9），可以通过连续的焦距变化来获得不同的拍摄

图 3-8　起飞（包丽俏摄）

图 3-9　大光圈蔡司变焦镜头

范围，这在取景构图的操作变化上非常实用（见图 3-10）。同时，一般摄像机的变焦镜头上都装有电动变焦（自动伺服）装置，可以使用电动马达驱动镜头变焦（见图 3-11），使操作更方便。目前摄像机用变焦镜头的变焦比都很大，一般在 10 倍（光学）左右，有的家用级摄像机甚至可达到 30 倍（光学）以上。变焦镜头具有从广角到超长焦的拍摄范围，为拍摄提供了极大的便利。

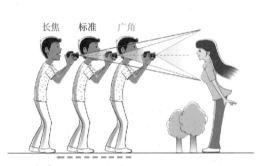

图 3-10 变焦镜头的取景变化

图 3-11 带伺服马达的变焦镜头

3.1.2 取景器与显示屏

取景器与显示屏都是用来观察景物和安排画面构图的成像装置。目前在摄像机上，常见的取景装置有 3 种。

1. 电子寻像器

电子寻像器其实是一个小监视器，外面带有"眼罩"，以减少环境光线对摄像师取景的干扰。采用电子寻像器取景的优

图 3-12 彩色寻像器

点是观看影像画面时不会受干扰，这在室外强光下拍摄时很有用，而且其非常省电，但也有取景存在误差和屏幕较小的缺点。电子寻像器的显示画面有黑白与彩色两种。采用黑白寻像器可以让摄像师注意力更集中，便于构图的简化处理，还可以通过调整画面亮度和反差来方便摄像师进行对焦取景。彩色寻像器的优点是能更真实地反映景物的原貌，以便摄像师及早发现影像画面与景物本身色彩的误差，从而及时调整和准确处理画面色彩效果。所以，彩色寻像器正逐渐成为市场主流（见图 3-12）。

2. 彩色液晶显示屏

彩色液晶显示屏是当前广泛使用的取景装置，无论是摄像机，还是数码相机和

手机，一般都以彩色液晶显示屏为主导，有些摄像机上就只有这一种寻像取景装置（见图 3-13）。用彩色液晶显示屏取景有很多优点：画幅较大便于观看，图像色彩逼真，可以多角度翻转调整，方便摄像师取景和拍摄画面。另外，它不仅能用于取景，还能用来查看拍摄完成的影像，同时还具有"菜单"功能。但是其缺点也很突出，就是在强光直射下容易受到干扰，难以看清楚影像画面。

图 3-13 某款彩色液晶显示屏和寻像器合一的摄像机

3. 外接监视器

外接监视器（包括电视）是高级和专业的取景装置，通常只有电视台、影视公司才会使用。外接监视器（见图 3-14）的屏幕尺寸较大，一般在 20in（1in=2.54cm）左右，类似于小电视。只要将摄像机的视频输出端口和外接监视器连接后就可工作，摄像师通过监视器的画面来操控拍摄。

图 3-14 外接监视器

其优势显而易见，超大面积的监视器无论是观察取景，还是回看画面，都更清晰而准确，从而很好地保证了摄像工作的顺利进行。

3.1.3 感光成像装置

当镜头吸纳摄取外界的光学影像后，需要由摄像机内的感光元件（感光成像装置）来接收处理、转换固定并将其保存下来，以便观看和加工制作。

1. 感光元件

感光元件就是图像传感器（光敏芯片），它是布满千万个光敏点（感光像素）的几何形半导体，通光、曝光时可感受和记录外界光线的信息，并将其转换为电参数，再转换为数字信息。之后，经过计算机运算处理，可以得到数字视频影像的数据文件。

图像传感器主要有电荷耦合器件（Charge-Coupled Device，CCD）和互补金属氧化物半导体传感器（Complementary Metal-Oxide-Semiconductor，CMOS）两种（见图 3-15），两者各有优缺点。近年来科技研究的突破，使得 CMOS 在工作效率和制造成本上都有明显的优势，所以在目前市场上，安装 CMOS 的摄像机已占据主导地位。图像传感器的面积、感光像素数目等决定了摄像机的成像质量，也能反映出机器的档次和性能。在高档摄像机上，图像传感器的面积大，像素高。图像传感器的数目可以有 1 个或 3 个，有 3 个的较好，一般低档摄像机上只有 1 个。

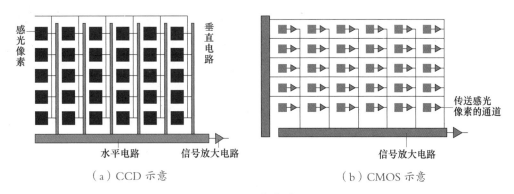

（a）CCD 示意　　　　　　　　　　（b）CMOS 示意

图 3-15　图像传感器

2. 图像传感器的规格

摄像机有各种各样的品牌和样式，但在像素相同的前提下，哪款摄像机的图像传感器面积大，就意味着它可接受更多的信息和细节。所以，图像传感器的面积一般越大越好。

图像传感器面积的单位是 in，常见的有 1/3in、1/2.5in、1/2in、1/1.8in、1/1.7in 等，分母越大就意味着图像传感器的面积越小。有时也会用"长 × 宽"的具体数据（如 22.7mm×15.1mm）来表示图像传感器面积的实际大小。

当前摄像机的图像传感器绝大多数是微小画幅和 135 全画幅的，不同画幅的图像传感器尺寸不同（见图 3-16）。若把这些数码摄像机的图像传感器面积尺寸，从大到小排列起来，就很容易看清它们之间的区别。如果把 135 全画幅图像传感器尺寸视为 100% 的话，APS-C 画幅图像传感器为 50% 左右，4/3 系统图像传感器约为 25%，1/1.7in 以下的图像传感器仅为 5% 左右。

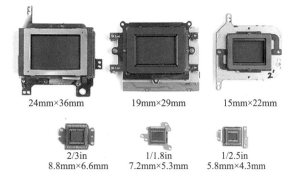

24mm×36mm　　19mm×29mm　　15mm×22mm

2/3in　　　　1/1.8in　　　　1/2.5in
8.8mm×6.6mm　7.2mm×5.3mm　5.8mm×4.3mm

图 3-16　不同画幅的图像传感器

3. 等效焦距与画幅尺寸

需要提醒的是，凡是非全画幅图像传感器的摄像机，镜头焦距都是以等效值来标示的。图像传感器尺寸与镜头焦距（变化倍率）的对应关系是：全画幅尺寸的摄像机镜头焦距不变；如果是图像传感器为4/3系统的摄像机，镜头焦距要乘2（见图3-17）。也就是说，只要是非全画幅尺寸的各类摄像机，标记镜头焦距要放大相应的倍率——等效焦距，才是该镜头的实际焦距。这一点，一般每一台摄像机的说明书上都有相关的说明。

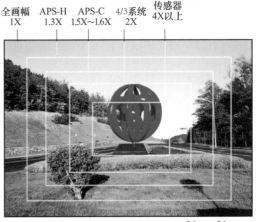

图 3-17　画幅大小与倍率

3.2　摄录控制系统

摄像机的控制系统主要有电源、摄像录制和回放影像几大部分，主要部件有电源开关（提供工作电源）、聚焦控件（控制对焦）、菜单键（进行工作设置）、电动变焦杆（变换镜头为广角和长焦）、开始拍摄键（开始摄录像过程）、结束拍摄键（停止摄录像过程）、播放键（回放已录好的影像）等。

3.2.1　电源与工作菜单

1. 电源

现在的摄像机都是自动化设备，没有电源就无法工作。电源为摄像机的工作提供电能，分为交流电源和直流电源两类。摄像机常用的直流电源主要有锂电池、镍氢电池和碱锰电池等，分可充电与不可充电两种。目前，中高档摄像机采用锂电池供电（见图3-18），锂电池具有电能强大、工作持久、无公害的优点和昂贵、不通用

图 3-18　摄像机锂电池

的缺点；低档摄像机有不少采用5号（AA）干电池供电，这种电池具有易购、廉价、通用的优点和电能较弱、工作不持久的缺点。

每台摄像机都有各自的专属电池类型，了解摄像机的电池类型以及可兼容使用的

电池，是摄像师前期准备工作的重点之一。在摄像机的使用说明书上，一般有所需要电池的类型和容量的说明，应严格按照厂家要求配置；厂家还会提示电池可使用的时间或可拍摄的次数，这往往是理想数据，实际上要打 20％ 的折扣。外出拍摄时应对

工作量进行估算，保证电池电量充足，同时准备一组备用电池。

大多数摄像机都有外接电源的接口（见图 3-19），可以外接电源进行工作。对于室内的长时间拍摄工作，外接电源是很好的一种工作方式。不同的摄像机有不同的电源输入标准，使用外接电源时要注意电压和电流是否匹配，以免出现差错而损坏机器。

图 3-19　摄像机外接电源的接口

2. 工作菜单与按钮

每一台摄像机上都有工作菜单和各种按钮，用于根据拍摄的需要启动和选择有关的拍摄任务（见图 3-20）。

摄像机的自动化功能和工作模式等设置，是由摄像机内部的微型计算机所控制的。这些设置主要通过显示器上的工作菜单来进行，摄像师可选择和设置工作菜单中的目标任务。

通常，主要的工作模式设置有专门的按钮，可以直接通过按钮进行调整。

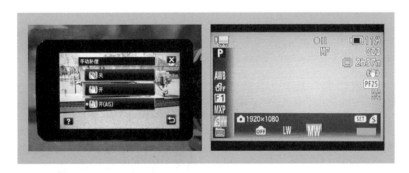

图 3-20　工作菜单界面

3.2.2　控制系统

摄像机的摄像和记录等工作，都要依靠控制系统来操作实施。控制系统的具体部件主要有镜头对焦装置、镜头变焦装置、光圈、快门、摄录开关、回放开关、防抖部

件等。

1.镜头对焦装置

对焦也称为调焦，是指调整镜头的
对焦系统装置（见图3-21），以使拍摄
对象在感光元件上形成清晰的影像。对
焦分为手动对焦和自动对焦两种方式，
前者由摄像师手动完成，后者由摄像机
自动完成。

对焦环　　　变焦环　　　光圈刻度

图 3-21　镜头对焦

（1）手动对焦

一般来说，手动对焦的准确与否，完全是摄像师根据监视器上的影像清晰与否来
决定的。如果摄像机选择的焦点不在拍摄对象上，影像不清晰，就要进行校正，否则
会出现失焦错误。

（2）自动对焦

摄像机自动对拍摄对象进行对焦来获得清晰的影像叫自动对焦。这种功能主要设
计在中小型摄像机上，专业级以上的摄像机一般没有自动对焦功能。因为自动对焦时
摄像机不会判断哪个对象是画面主体，有时会选错对焦对象，模糊了主要对象，所以
专业级以上的摄像机需要摄像师的精准对焦控制。

2.镜头变焦装置

变焦操作就是通过镜头连续的焦距变化，来获得不同的拍摄范围，这对取景构图
来说既实用又方便。

可以通过旋转推拉变焦环来实现手动
变焦（见图3-22），同时，现在的摄像
机变焦镜头基本都设有自动变焦装置，可
以实现镜头从广角端到长焦端的自动连
续变化。自动变焦工作是由计算机控制
伺服电机来实现的，只要按下按钮就可
以自动变焦拍摄（见图3-23）。当使用
自动变焦装置时，要注意掌握伺服电机
的转动速度，以获得平稳匀速的变焦效

图 3-22　手动变焦

果。目前在有些机型上，可以选择伺服电机的转动速度，通过不同的挡位控制变焦
速度。

3. 光圈与快门

光圈是镜头内由若干金属薄片构成的可调节大小的圆孔，它就像可变化的一扇窗户，用来控制通过镜头的光量。光圈的大小用光圈系数 F 表示，F 对应的数值越小，表示光圈越大，通光量越大；F 对应的数值越大，表示光圈越小，通光量越小。如图 3-24 所示，在一些广播级摄像机镜头的光圈环上有这样一组数据：2、2.8、4、

图 3-23　镜头的自动变焦按钮

5.6、8、11、16、22。其中 2 对应的光圈最大，22 对应的光圈最小，相邻挡光圈曝光量相差一级（通光量相差一倍）。中小型摄像机的光圈变化是无级的，平缓转动光圈环就能平缓改变画面亮度。对光圈的控制主要有自动和手动两种，自动光圈是由摄像机内计算机程序来控制的，手动光圈主要在手动控制曝光时使用。一般在逆光拍摄或者画面中有大面积的亮色和暗色时，需要手动控制光圈（见图 3-25）。

图 3-24　镜头光圈

图 3-25　手动控制光圈

快门是一个"从开启到关闭"的闸门装置，就像一个水龙头，用来控制摄像机接受曝光时间的长短。一般摄像机的快门速度设置有 1/30 秒、1/60 秒、1/125 秒、1/250 秒、1/500 秒、1/1000 秒等，分母数值越大表示速度越快，到达感光元件的光线越少，相邻挡快门速度曝光量相差一级，则意味着相同情况下相应的 ISO 相差一倍（见图 3-26）。

ISO 30

ISO 60

ISO 125

ISO 250

ISO 500

ISO 1000

图 3-26　快门速度与 ISO 的
　　　　　关系示意

4. 摄录开关与回放开关

当需要摄录视频影像时，必须开启录制键才能进入摄录工作状态，完成摄录后又要及时关闭录制键。无论是开启还是关闭摄像机的录制键，操作最好轻柔而果断。轻柔是为减少手臂力量对摄像机稳定状态的干扰，特别是开始视频影像录制时；果断是为满足及时抓拍的需要，以免错过精彩画面。

摄像机上都设置有专门的回放键，按此键就可以浏览、回放已经摄录完成的视频影像，供摄像师对影像效果进行确认、评价，并决定是否需要重拍或补拍。在观看回放的视频影像效果时，应同时注意视频影像的一些技术指标，如色温指标、亮度信号、音频输出信号等。值得提醒的是，在回放视频影像的时候，最好不要删除已经录制好的视频影像，如果不小心误删，可能会白忙活一场。

5. 防抖部件

在拍摄过程中，因为各种因素会拿不稳摄像机。例如，身体的运动会带动摄像机晃动；当拍摄一些快速运动的对象时，经常会拍摄出剧烈抖动的影像画面。针对这个问题，摄像机上往往设置有专门的防抖部件，以帮助摄像师稳定摄像机，缓解或消除画面的抖动，从而获取清晰的视频影像效果（见图 3-27）。常见的防抖设置有电子防抖和光学防抖 2 种。

（1）电子防抖

电子防抖是一种低级防抖设计，它是摄像机在感光元件获得影像画面后，根据相邻两帧画面内容的相似程度进行运算，取出画面周边的预留像素来进行防抖（见图 3-28）。这样的运算过程运用模糊逻辑，往往会影响画面质量，防抖效果不是很明显。

图 3-27　防抖部件标志

图 3-28　电子防抖效果

（2）光学防抖

光学防抖是一种高级防抖装置，它在镜头组件中加入陀螺仪类装置，对摄像机自身的抖动规律进行计算，通过陀螺仪的反向补偿运动进行光学校正，这样的防抖工作就非常有效。光学防抖是选择摄像机时要优先考虑的防抖模式（见图 3-29）。

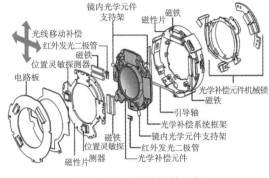

图 3-29　光学防抖示意

总的来说，防抖设置在一定程度上可以改善摄像机抖动与震颤的问题，但不能解决根本问题。要更好地防抖减震，还是尽量使用三脚架等稳定器材来稳定摄像机。

3.3　存储、输出与录音系统

3.3.1　存储系统

摄录好的影像必须保存下来，才能自由地观看和编辑加工。摄像机存储系统的作用就是将所摄录的影像记录、存储在存储介质上，目前常用的存储介质有闪存卡、硬盘、录像带、光盘、记忆卡等。不同的存储介质具有不同的特点和性能，又在一定程度上影响摄像机本身的工作效率和发展前景。有关存储介质的内容后文会详细介绍，这里不赘述。

3.3.2　输出系统

摄录下来的影像，不仅可以在摄像机上看，还可以通过输出系统传输到各种外部设备上，以便自由观看和后期编辑。在摄像机上设计有一些接口，包括视频和音频的输出接口，如音频 / 视频（Audio/Video，A/V）接口和高清多媒体接口（High Definition Multimedia Interface，HDMI）等（见图 3-30）。这些输出接口，在实际操作中有着重要作用，我们应对其有充分的了解。

在摄录工作中，摄像机可以通过这些输出接口与外部

图 3-30　摄像机输出接口

设备连接，将音频、视频信息传输到外接显示器等设备上，进行现场同步展示放映。如果是拍摄过程中需要对音频、视频进行监视，也可以通过这些输出接口外接监视器，对摄像、录音过程进行监视。有些专用接口，甚至可以把摄像机采集的影像进行无损输出，然后通过外接的录制设备直接录制高画质影像。

在摄像机上，除了音频、视频输出接口外，还有数据传输接口，一般是通用串行总线（Universal Serial Bus， USB）接口（见图 3-31）和"1394 接口"，主要用于将摄像机内已经录制好的影像数据直接传输到计算机上，以便保存和后期剪辑。

图 3-31　摄像机 USB 接口

3.3.3　录音系统

声音采集是摄像工作中不可或缺的部分，这个工作主要是由话筒来完成的。

摄像机采集声音有机内话筒采集和外置话筒采集两种方式。机内话筒的采集工作为自动的，即根据现场声音的高低，话筒自动进行调整拾音。如果是专业级摄像机，还可以在采集时对电平进行调整，以此来控制收集声音的音量。

外置话筒通过话筒接口连接摄像机进行拾音工作。常见的话筒接口就是卡农接口（见图 3-32），当然还有常见的 3.5mm 接口和 2.5mm 接口，多出现在一些小型摄像机上。外置话筒同样可以通过对电平进行调整来控制收集声音的音量。

在当前的数码摄像机上，几乎都设计有监听耳机接口，方便摄录人员实时监听音量的大小。专业级摄像机往往有两个以上的声音采集声道（见图 3-33），可以分别录取不同种类的声音，这样就可以获得更为逼真、更为立体的声音效果。

图 3-32　卡农接口

图 3-33　摄像机双声道调节按钮

3.4 摄像机的辅助器材

摄像并不是拿一台摄像机拍摄那么简单，想要获得真正精彩动人的画面，还需要很多附加设备给予辅助。了解摄像机的辅助设备，对于拍摄出精美的视频影像画面、打造特别的艺术效果都有所帮助。

3.4.1 稳定器材

画面的稳定性直接影响画面质量，摄像画面以稳为先，所以摄像机的稳定系统尤为重要。稳定摄像机的设备，常用的有三脚架、独脚架、斯坦尼康稳定器、摇臂、轨道等。

1. 三脚架和独脚架

三脚架是十分常见的稳定设备。三脚架一般用金属制造，每只"脚"由"多节套"制成，可自由伸缩来调节高度和跨度，便于携带（见图 3-34）。三脚架上端装有云台，云台用来连接摄像机，可以上下、左右转动，来调节拍摄角度。

图 3-34 三脚架

如果现场条件允许，应尽量使用三脚架拍摄。使用三脚架时首先要保证云台的水平，从而保证摇摄等的运动镜头的拍摄效果。三脚架一定要安装牢固，各个"关节"伸展时要检查伸展是否到位和关节是否锁定，确认无误后再将摄像机安装到三脚架上。

市面上的三脚架有高、中、低等不同档次，三脚架的品质直接影响使用的效果。三脚架的大小不一，细小的三脚架价格比较便宜、携带方便，但稳定性较差；粗大的三脚架价格相对贵一些，体积大、分量重，但稳定性更有保障。应选择稳定牢靠、云台阻尼较平滑的三脚架。

在一些机动场合，不允许架设三脚架，这时独脚架就是一种很不错的选择。与三脚架相比，独脚架只有一根可以伸缩的支架（见图 3-35），在稳定性上不如三脚架，但使用起来更灵活、方便，

图 3-35 独脚架

携带又特别省事，对分担摄像机的重量、减小摄像师的劳动强度，以及减少抖动起到很大作用，用好独脚架也能拍出非常精美的画面。

2. 斯坦尼康稳定器

斯坦尼康稳定器属于运动摄像减震防抖装置，是一种可移动的稳定设备。它通过减震臂将摄像机和摄像师身体相连，减弱因摄像师身体移动而给摄像画面带来的震动，减震效果很好。在体育比赛等许多专业摄像现场，都会使用这种稳定设备。根据摄像机的重量，斯坦尼康稳定器也有区分，总之合理的搭配才能获得最佳的效果（见图 3-36）。

图 3-36　斯坦尼康稳定器

3. 摇臂和轨道

摇臂是一个巨大的机械臂，可以使摄像机在 $20m^2$ 左右的空间范围进行 360° 运动拍摄，在专业录制上用得比较多。将摄像机固定在摇臂顶端，通过控制摇臂可以得到不同的拍摄角度，并且能够让摄像机获得稳定流畅的运动。但摇臂因为本身体积大、重量重，应用范围有一定的局限，在机动性上有所缺失。现在市面上也有一些针对小型摄像机的小型摇臂，虽然其运动空间不大，但也可以获得较好的效果（见图 3-37）。

轨道和摇臂一样，是使摄像机运动稳定的重要设备（见图 3-38），常见于重要、专业的录制场合，主要作用是让摄像机在一定的运动轨迹上获得稳定的移动效果。其缺点是不能自由机动地使用。

图 3-37　小型摇臂

图 3-38　摄像机的轨道

3.4.2　照明设备

有光才有影，在摄像的工作过程中，光的作用是决定性的。

　　除了太阳、火等现场光源之外，大多数时候，还要依靠人造光源，才能保证摄像工作的正常进行。现在的摄像照明中使用的人造光源主要有机头灯和影视灯。

1. 机头灯

　　机头灯是安装在摄像机顶部、小巧便携的补光装置（见图 3-39），用于对拍摄对象进行补光，以方便画面的录制。常见的机头灯类型主要为钨丝灯和发光二极管（Light-Emitting Diode，LED）灯两种，通常机头灯都带有柔光片，用以得到柔和的光线。其工作供电有些采用电池，有些则直接由摄像机的电源供电。由于灯位固定的限制，机头灯在灯位和照明角度上基本无变化，照明光效比较单一。

图 3-39　机头灯

2. 影视灯

　　影视灯是大型的照明设备，可根据拍摄需要对拍摄对象进行各种灯光造型。影视灯类型不像机头灯那样单一，根据光源和规格的不同有很多类型。一般拍摄时，天幕灯、追光灯等数十种影视灯可组成套灯配合使用，可营造出明亮炫丽的照明效果。

　　由于影视灯灯位自由，不受摄像机位置限制（见图 3-40），在造型表现和光照强度方面都能随意调整，因此成了各电视节目和影视剧拍摄时的主要照明设备。影视灯的缺点是功率大，这就导致其在使用场地和机动性上有局限性。

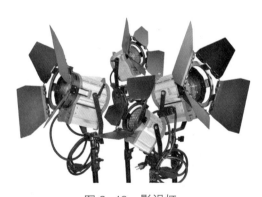

图 3-40　影视灯

3.4.3　存储介质

　　众所周知，用摄像机拍摄的视频影像需要存储在专门的介质里。根据摄像机的不同，常见的存储介质有磁带、光盘、硬盘和闪存卡等。

1. 磁带

磁带作为存储介质，曾经被大量使用，但现在已经过时且使用者较少。摄像机所用的磁带为小盒状（见图3-41），规格有30分、60分和90分等，每种规格对应着记录视频的时间长度。如30分规格的磁带，就表示可以拍摄时长30分的视频，摄像师可以根据自己的工作任务，来选择需要几盒磁带。由于磁带反复使用后磨损率高，且体积较大，已经不能适应影像发展的需求了。

图3-41 摄像机磁带

2. 光盘

光盘是在磁带基础上发展而来的一种存储介质，它是一个薄圆盘，存储容量大多为几吉比特。因为光盘拥有快速读取性，所以其一度被市场重视，特别是大容量可反复擦写的蓝光光盘。但随着闪存卡等存储介质的发展，光盘在稳定性、便携性和容量方面明显处于下风，也基本处于被淘汰状态。

3. 硬盘

硬盘是一种大容量的存储介质，它一般外置在摄像机上使用，大多为长方形盒状，规格从几吉比特到几百吉比特不等。相对于其他的存储介质，存储容量大是硬盘的最大优点，随时可读取也是它的优势。在某些专业的摄制领域，如电视剧或广告领域，外置的硬盘很常见。在记录超大文件和要求高速写入方面，外置硬盘有一些明显优势。但是，硬盘存储的稳定性差和故障率高两个不足，使其在摄像机上的运用受到限制。

4. 闪存卡

闪存卡是近几年发展很快、使用很方便的存储介质，其外形像一块小橡皮擦，从几吉比特到几百吉比特的规格都有。闪存卡即插即用，而且拥有体积小、容量大、价格低、读写速度快、稳定性高等众多优点，是目前各新型摄像机采用极多的存储介质。闪存卡有不同的类型，常见的是安全数码（Secure Digital，SD）卡、高容量安全数码（Secure Digital High Capacity，SDHC）卡、扩展高容量安全数码（SD extended Capacity，SHXC）卡等。另外，索尼公司开发的MS卡（记忆棒）也很常见，其工作性能与SD卡相当，但因强调索尼摄像机专用而导致市场兼容性差，且其价格较高。

不过，索尼公司近年新出的机器上，大多同时兼容 SD 卡和 MS 卡。

3.4.4　附加器件

摄像机在使用过程中，还有一些专门的附加器件，常见的有滤镜、遮光罩、遮光斗、外接监视器和外置话筒等。这些器件都有各自的特殊用途，对拍摄很有帮助。

1. 滤镜

滤镜是安装在镜头前面的一种光学介质，它通过过滤某些光线成分来改变视频影像的效果。常用的滤镜有密度镜、渐变滤镜和偏振镜等，形状有圆片和方片两种（见图 3-42）。

（1）密度镜

密度镜是一种灰度光学镜片（俗称灰片），专门用于降低进入镜头的光线的强度，有机内密度镜和镜头前外加密度镜两种。在强烈光照条件下使用密度

图 3-42　常用的滤镜

镜，可以避免曝光过度和选用大光圈来虚化背景。专业级摄像机都有内置密度镜，分为 1/4、1/16、1/64 3 挡，每挡可让画面的亮度减 2 级。画面的亮度是由快门速度和光圈来决定的，但有时光照过于强烈，当采用最小的光圈进行曝光时，画面还是会过于明亮，这时就需要使用密度镜减弱进入镜头的光线的强度。

（2）渐变滤镜

渐变滤镜（见图 3-43）其实就是特殊的密度镜，即镜片上有颜色深浅的变化，是可以让部分光线均匀通过又不影响画面颜色的滤镜。渐变滤镜用于平衡画面里亮度差别过大的场景，比如常见的天空明亮和地面黑暗的现象，这时采用渐变滤镜压暗天空进行拍摄，就可以使天空和地面在画面里都得到很好的表现。

图 3-43　渐变滤镜

（3）偏振镜

偏振镜的主要作用是消除或减弱偏振光的干扰，以保证光线进入镜头的有效性。在拍摄大海、湖泊和溪流等时，加用偏振镜可以消除或减弱水面的反光，使其显得

清澈透明（见图3-44）。在拍摄晴朗天空时，加用偏振镜，可以消除或减弱天空的偏振光，使蓝天更蓝，白云更白。加用偏振镜拍摄天空，要以南、北方向的天空为拍摄对象，因为东西方向有太阳，没有多少偏振光可阻截，使用偏振镜也就没有什么效果。

（a）杂乱的反光现象　　　　　　　（b）加用偏振镜消除或减弱反光

图3-44　偏振镜效果

2. 遮光罩与遮光斗

遮光罩与遮光斗都是专门用于遮挡进入镜头的杂光的附件（见图3-45），拍摄时安装在镜头前端（平时反扣于镜头上）。它们一般由金属或工程塑料制成，且不反光，为黑色。遮光罩是个小罩子，遮光斗是一个漏斗状的盒子。它们具有两大功用：一是遮挡不参与成像的杂光，二是对镜头起到保护作用。

（a）遮光罩　　　　　　　　　　　（b）遮光斗

图3-45　遮光罩与遮光斗

3. 外接监视器

外接监视器大多为20英寸的规格，显示屏大且画面精度高（见图3-46）。通过数据线连接摄像机后，外接监视器就成为更大、更准确、更精细的画面取景系统，可以对拍摄画面进行更好的实时监视。

4. 外置话筒

外置话筒是专业摄像常用的附件。录制声音时一般要考虑声音的来源和方向，而外置话筒具有很好的灵活性和指向性，而其录制的音效比摄像机自带话筒的好很多（见图 3-47）。尤其是录制某些现场的特殊声音时，摄像机自带的话筒很难实现，只有外置话筒才能胜任这个任务。

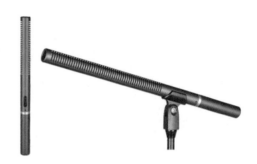

图 3-46　外接监视器　　　　　　　　图 3-47　外置采访话筒

3.5 摄像机的有关技术指标

摄像机的种类繁多，结构复杂，通过有关的技术指标，可以分辨和衡量一台摄像机的性能。

3.5.1 像素与画幅比例

1. 像素

数码摄像机的像素是很重要的技术指标，像素决定了画面图像的分辨率和清晰度。像素多，分辨率高，图像清晰度高；像素少，分辨率低，图像清晰度低。分辨率有 3840×2160 和 4096×2160 等规格，还有应用在数字电影上的超高 4K 分辨率（4K Resolution）等。

2. 画幅比例

目前主流的摄像机和视频画面，根据像素的多少分为标清、高清和全高清。高清指标与摄像机的画幅比例又是相对应的，而画幅比例对人的视觉感受也有影响。标清基本上是 4：3 的画幅比例，有特殊需要时可以在 4：3 的画幅上下打上掩膜以显示出宽幅的比例，而高清和全高清都是 16∶9 的画幅比例，与人眼的观察比例相近（见图 3-48），也符合宽银幕的特点。4K 的画幅比例更大。

标清电视画面的分辨率是 720×576，画幅比例是 4∶3，前几年的标准电视画面就属于标清的范畴。高清电视画面的分辨率是 1280×720，画幅比例是 16∶9，清晰度相比标清有很大的提高。全高清电视画面的分辨率是 1920×1080，画幅比例是 16∶9，清晰度是高清的 2 倍。依靠高清晰度和丰富的细节，全高清画面成为目前主流的分辨率。

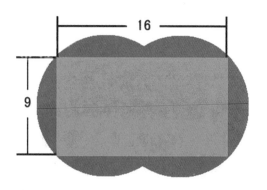

图 3-48　16∶9 画幅比例与人眼观察比例相近

3.5.2　清晰度与超采样

超采样技术是指摄像机将采集的图像信息计算、合并、输出的处理技术（几个像素信息合并为一个像素信息），一些高端摄像机会采用像素合并技术。比如某台全高清摄像机的感光元件的像素是 800 万，在拍摄过程中采用超采样技术将 4 个像素合并成 1 个像素（见图 3-49），最后以 200 万像素输出视频。相对来说，有超采样技术的摄像机的清晰度要高于没有超采样技术的摄像机。

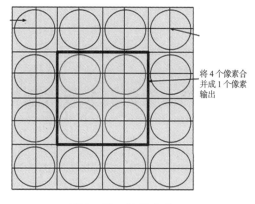

将 4 个像素合并成 1 个像素输出

图 3-49　像素合并

很多摄像机都有拍摄静止照片的功能，因为高像素的感光元件是为拍摄清晰的静止图片而设计的，所以像素越高的摄像机，拍摄的静止照片的清晰度也就越高。

一些高像素的数码相机在用于摄像时大多没有超采样功能，在视频清晰度方面不如摄像机。在实际比较中会发现，用一般的数码相机拍摄的视频短片，在清晰度方面还是略逊于专业的高清摄像机拍摄的。当然也有例外，比如松下 GH3 和索尼 RX10 这两台数码相机，因为有超采样功能，所以拍摄出的视频短片清晰度也很好。

3.5.3　增益

用摄像机进行拍摄需要一定量的光线。当光线不足时，摄像机就不能获取足够的光线信息来成像。因此，不同的摄像机对光线的敏感度有一定差异，也就是说摄像机的感光度不同。当环境光不足，摄像机在低感光度下也无法保证清晰成像时，就需要对采集的光线信息进行增强处理，这就是增益，也就是提高摄像机的感光度。

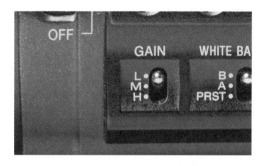

图 3-50　摄像机的增益设置

专业级摄像机往往有低、中、高 3 挡增益设置，分别用 L、M、H 来表示（见图 3-50）。要注意，提高增益能够在光线条件不好时进行摄像，但这也有画面质量明显下降的弊端。一般情况下不要随意开启增益，应尽量通过加大光圈等手段来增加通光量，以保证画面质量。如果需要使用增益，首先选用低（L）挡，应尽量避免使用高（H）挡。当增益开到高（H）挡的时候，画面会出现雪花般的噪点，画面清晰度会下降，色彩饱和度效果和反差效果都会变差（见图 3-51）。高（H）挡增益一般只在一些特别紧急的情况下，或抓拍重要画面时才使用。

图 3-51　开启增益后画质变差

3.5.4　码流

码流是摄像机每秒对数据进行压缩处理并存储的能力指标。

摄像机摄取的外界景物影像包含大量数据，这些数据要经过摄像机内的处理器处理再存储到有关介质上。考虑到存储速度和存储介质的容量等，处理器要对数据进行一定比例的压缩再进行存储，而每秒存储的数据量就是码流。码流越大，对摄像机处理器的性能要求越高，存储的数据也越大，同时画面质量也越好。因此，通过码流可以判断影像的质量和摄像机的档次。例如，专业级摄像机码流大多在 30Mbit/s 以内，而广播级摄像机为保证获得更多的信息量，码流往往可达到 50Mbit/s 以上。

思考和训练题

（1）摄像机的主要结构有哪几部分？

（2）简述3种不同类型镜头的特点。

（3）用于观察景物和安排画面构图的成像装置是什么？

（4）摄像机用什么元件来接收外界信息？

（5）简述自动对焦和手动对焦的区别。

（6）电子防抖和光学防抖哪种好？

（7）简述三脚架的选用方法。

（8）影视灯的优缺点是什么？

（9）常见的存储介质有哪几种？

（10）降低进入镜头的光线的强度的滤镜是哪种？

（11）简述遮光罩和遮光斗的作用。

（12）像素与分辨率有什么关系？

（13）增益在什么情况下使用？

第4章

摄像机的操作使用

认识了摄像机的结构和功能，也有一台好的摄像机，就一定能拍摄出好的视频影像吗？不一定。一个摄像师，不仅要熟悉摄像机的结构和功能，还要能够熟练地操作使用摄像机，并恰当地运用专业的技术、技巧去拍摄，才能获得精美、漂亮的视频影像。

4.1 摄像机拍摄模式

不同的摄像机有不同的用途和设计，因此也就有不同的拍摄模式。专业级摄像机上有自动光圈模式和手动光圈模式，一些便携的家用级摄像机上有智能场景模式（见图4-1）。应根据拍摄现场和对象，选择相应的拍摄模式。

图4-1　家用级摄像机的拍摄模式

4.1.1　常用拍摄模式

1. 手动光圈模式

摄像机的手动光圈模式（见图4-2），即摄像机的光圈设置由摄像师来决定。光圈的大小决定通光量的多少，从而直接决定画面的亮度。所以摄像机的手动光圈模式也就是全手动的曝光模式，可在一些需要设置曝光补偿和需要拍摄特殊影调的场景时使用。作为专业摄像师，手动光圈的调整是必须要掌握的技巧。

图4-2　手动光圈模式

2. 自动光圈模式

摄像机上的自动光圈模式其实是一种自动的曝光模式。摄像机的快门速度是事先预设好的，这时的自动光圈模式相当于相机上的快门优先曝光模式。摄像机根据光照条件，在一定的快门速度前提下，选用合适的光圈进行录像；但在阳光过于强烈时还会"提醒"摄像师采用密度镜对画面亮度进行调整。

3. 逆光补偿模式

很多摄像机上都设有逆光补偿模式（见图 4-3），因为这些摄像机没有手动光圈模式，如果遇到逆光的情形，有时候画面整体的亮度较低，主体人物也容易变得"黑暗"（见图 4-4）。这时就需要使用摄像机上的逆光补偿模式给予一定的曝光补偿，使画面亮度合适。这种拍摄模式下，逆光时拍摄会自动提高画面亮度，正常光线下拍摄则会导致画面亮度过高，当然也可以灵活运用这种拍摄模式来拍摄高清照片。

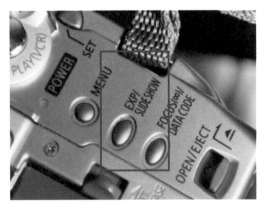

图 4-3 逆光补偿模式

图 4-4 逆光下的人物丢失细节

4. 微距模式

摄像过程中经常会遇到一些微小的事物需要放大拍摄（见图 4-5），这时受摄像机最近对焦距离的限制，不能靠得太近去拍摄。一些摄像机会有微距模式，拨动微距模式按钮（见图 4-6），即可进行更大倍率的拍摄。而大型摄像机镜头后部往往还有微距摄像模式按钮，进入该模式，转动后焦环，即可进入微距模式。调整后焦环拍摄完微距镜头之后，要把后焦环切换回原来的位置，否则会影响正常拍摄。

图 4-5 夏之梦

图 4-6 微距模式按钮

4.1.2　特殊拍摄模式

1. 高速摄影模式（慢动作）

摄像机拍摄的视频帧率一般是 25 帧 /
秒或 30 帧 / 秒，播放的时候按同样的帧
率来进行播放，因此会得到和物体正常运
动速度相同的视觉感受。假如用高于正常
帧率的帧率去拍摄运动物体，再以正常的
帧率播放视频，就会得到更长的播放时间，
运动的物体也因此在播放的画面中"放慢"
动作，这就是高速摄影，也就是人们常说
的慢动作摄影（示例作品截图见图 4-7）。

假如以 200 帧 / 秒的帧率拍摄，再以
25 帧 / 秒的帧率播放，1 秒的视频会播放
8 秒，就会看到缓慢播放的高速运动画面。

图 4-7　慢动作摄影作品截图

图 4-8　索尼 NEX-FS700 摄像机

高速摄影在科研领域和体育领域有着重要的作用，当然在渲染画面情绪方面也有
突出表现。比如索尼的 NEX-FS700 摄像机（见图 4-8），就可以做到 400 帧 / 秒的
高速摄影。

2. 延时摄影模式（快动作）

延时摄影是以较低的帧率拍下图像或视频，然后用正常或较高的帧率播放的摄影
技术。在一段延时摄影视频中，物体或景物缓慢变化的过程被压缩到较短的时间内，
呈现出平时用肉眼无法察觉的奇异景象（见图 4-9）。可以将延时摄影看作和高速摄
影相反的方式。延时摄影通常应用在拍摄城市风光、自然风景、天文现象、生物演变
等题材上，可以借助一些辅助器材进行延时拍摄，如轨道（见图 4-10）、遥控器等。

图 4-9　延时摄影示例

当然，延时摄影视频也可以通过一组以一定时间间隔拍摄的图片得到。在相对固定的位置或按一定规律移动的位置上，按一定的时间间隔拍摄的图片，可以通过后期剪辑软件合成延时视频影像。

3. 红外拍摄模式

针对夜间光线不足的情况，有些摄像机有红外拍摄模式（见图4-11），可拍摄夜视仪效果的单色视频，这对于监控录影有一定的价值。

图 4-10　延时摄影轨道

图 4-11　红外拍摄模式

4. 3D 拍摄模式

3D影像技术是根据左右眼双影像合成立体影像的原理（见图4-12），使用3D摄像机（见图4-13）来拍摄画面，在摄像机里进行处理得到双重影像素材，将得到的影像素材经过3D剪辑机编辑后，再在3D电视上播放。这样会在屏幕上形成重影，需要观众佩戴特殊的3D眼镜进行观看，使重影合二为一，从而感觉到立体的效果（见图4-14）。

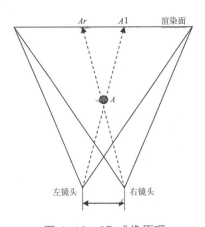

图 4-12　3D 成像原理

图 4-13　3D 摄像机

图 4-14　3D 眼镜

4.1.3　智能拍摄模式

1. 手机拍摄模式

手机摄像（见图 4-15）几乎都采用全自动拍摄模式，没有烦琐的操作，只需对准拍摄对象按录制按钮即可。手机摄像的画质通常与手机性能成正比，性能越高的手机获得的画质越清晰。手机与传统摄像机较大的区别在于，手机可以使用很多新颖、独特的滤镜（见图 4-16），比如暖复古、冷复古、绿点、曝光、色调分离等。

图 4-15　手机摄像

（a）无滤镜　　　　　　　（b）冷复古滤镜　　　　　　（c）色调分离滤镜

图 4-16　手机拍摄模式中的滤镜效果

2. 家用级摄像机智能拍摄模式

随着数码技术的发展，各种智能拍摄模式在家用级摄像机上大量出现，其中的典型代表就是智慧自动拍摄模式。只需启用该拍摄模式，摄像机就能够"智慧地"综合分析人物主体信息、距离信息、亮度信息、颜色信息和运动信息等，并自动切换到相应的拍摄模式，在液晶屏上显示相应的图标，让用户能轻松拍摄美丽的视频影像（见图 4-17）。

目前，智能拍摄模式已可自动识别几十种场景，从黑暗夜景模式到高尔夫运动模式都有涉及，全是高度智能地自动完成的，操作非常简便，是未来摄像机发展的方向。常见的智能拍摄模式有如下几种。

（1）人脸识别。该模式可自动检测周围环境的亮度并依此调整曝光，所以能使人物面容显得明亮易辨。该模式可同时检测多位人物的面容。

（2）智能对比度控制。该模式可检测周围环境的亮度并依此调整曝光，有助于抑制高光溢出及减少成块的阴影，从而以适当的对比度捕捉自然、富有微妙差异的画面。

（3）风景。该模式可均衡整幅画面的曝光，避免画面中出现蓝天被"刷除"或高光溢出等问题。

图 4-17　使用智慧自动拍摄模式进行拍摄

（4）肖像。该模式能准确地捕捉面容，如采用柔肤模式，即可自动调整肤色。

（5）聚光灯。该模式能准确捕捉具有适当亮度的拍摄对象，并可避免画面中某些部位被刷除。

4.2　摄像机的握持方式

要想拍好视频画面，握持摄像机的方法是首先需要掌握的。不正确的握持方式容易造成摄像机抖动，会影响画面的清晰度，人也容易疲劳。正确的握持方式则能保证摄像机稳定，使拍出的画面清晰、平稳，而且操作合理轻松。

4.2.1　基本摄像姿势

无论是肩扛摄像机还是手持摄像机，从总体上来看，握持摄像机时都应该做到平稳、放松和匀速。摄像机根据体积的差异，大体可分为大、中、小 3 种类型（见图 4-18），每种类型的摄像机在握持方

图 4-18　不同大小的摄像机

式方面又有所不同。另外，同一种机型根据机位的高低，也有不同的握持姿势。在学习握持姿势前，应先掌握基本的摄像姿势。

摄像姿势一般可分为站立和跪立两种。站立时，双脚成45°夹角前后且前后错开（见图4-19），不管摄像机的大小，这样的站立方式都是相对最有利于保持身体稳定的。而跪立姿势一般是左腿屈膝并使小腿立于地面，右腿屈膝并将膝盖抵于前方地面，后脚脚尖点地，同时左臂曲肘抵在左膝上，左手手掌承托摄像机（见图4-20）。这样，摄像机的重量通过手掌—手臂—膝盖—小腿直接传递到地面，保证了握持的稳定性。

双脚成45°夹角，前后错开站立

图4-19　站立摄像时双脚的姿势

左腿屈膝立于地面，左臂曲肘抵在左膝上

图4-20　跪立摄像时的手脚姿势

4.2.2　小型家用摄像机握持姿势

小型家用摄像机体积小，因此其握持方式比较灵活。通常是以右手为主来拍摄，站立时右手持机，左手握住液晶屏或托住镜头来稳定摄像机。低角度拍摄时，可以将摄像机放在腰部以低角度向上拍摄，右手翻转液晶屏取景，左手托住摄像机拍摄；高角度拍摄时，可以单手高举摄像机，向下翻转液晶屏进行拍摄。小型家用摄像机握持姿势如图4-21所示。

图4-21　小型家用摄像机握持姿势

4.2.3　中大型摄像机握持姿势

中型摄像机的体积不大，在握持方面，只要注意兼顾镜头调整，就可以有多种操作姿势。其既可以像小型家用摄像机那样以高、低角度拍摄，也可以像大型摄像机那样用站立肩扛的方式拍摄。具体姿势如图 4-22 所示。

大型摄像机体积大而且比较沉重，如何稳定摄像机就是首先要考虑的。所以大型摄像机的底部一般都有弧形的缓冲高密度海绵，用于在肩扛时增加与人体的缓冲，也提高了摄像师的操作舒适性。大型摄像机前方镜头的控制把手是按照人体工程学来设计的，这样摄像师左手管寻像器，右手把控机身和镜头，双手各负其责，配合操作，可提高操作的稳定性。当然，大型摄像机也可以放到腰部或更低位置来进行拍摄，这时持机的稳定性就非常重要，最好要找到相对固定的依托来帮助稳定摄像机（见图 4-23）。

中型摄像机的站立拍摄姿势

中型摄像机的高角度拍摄姿势

中型摄像机的低角度拍摄姿势

图 4-22　中型摄像机握持姿势

大型摄像机肩扛拍摄姿势

大型摄像机跪立拍摄姿势

大型摄像机地面拍摄姿势

图 4-23　大型摄像机握持姿势

从实用性来看，为了尽可能地保证画面稳定，最好是将大型摄像机放置在三脚架上拍摄。所以在条件允许的情况下，应尽量用三脚架辅助拍摄。大型摄像机的底部往往有统一的 V 形快装卡槽（见图 4-24）。

图 4-24　摄像机 V 形快装卡槽

4.3 曝光控制

曝光就是让外界光线通过镜头到达摄像机内的感光元件上，并感光成像的工作过程。它需要摄像师根据不同的被摄对象，恰当运用光圈和快门速度，控制通过镜头到达感光元件上的光线强度——曝光量，来获得影像画面。

4.3.1 曝光标准

通常把拍摄的画面简化为 3 种曝光结果，即曝光过度、曝光正确和曝光不足（见图 4-25）。曝光正确是摄像师每一次拍摄的目标，曝光不足和曝光过度则是要避免和杜绝的结果。只有曝光正确，也就是给拍摄对象精准的曝光量，才能得到质量好的画面——影调明暗适中，色彩真实、还原，影像清晰，层次丰富。只有曝光正确的画面，放大后的局部画面的质量才是极好的。曝光正确基本的标准是：视频画面上，黑色物体暗下去，白色物体亮起来，灰色物体不暗不亮。

图 4-25 曝光结果与局部放大结果

4.3.2 曝光控制配合

在摄像机上，光圈和快门速度是控制曝光量的两个重要"关口"，两者相互配合、共同作用，以决定曝光量的多少（见图 4-26）。通过选择合适的光圈和快门速度，就可以得到合适的曝光量。

在曝光的控制上，摄像机是以快门优先为原则来处理的。即拍摄前先确定快门速度，拍摄中再随时调整光圈。这是由视频画面的连续性决定的，它要求拍摄中的快门速度固定不变（不能像照相机那样随时改变快门速度）。摄像机正常拍摄时大多用 1/50 秒的快门速度，如果是拍摄高速运动的对象，则可以选用 1/100 秒乃至 1/1000 秒的快门速度。

　　所以，光圈的调节技术，就成了摄像曝光控制过程中重要的技术。在当前的摄像机上，调节光圈有手动和自动两种方式，一般通过机身上的手动 / 自动开关即可选择。两种方式各有所长，自动光圈工作快捷、方便，但有时会有失误；手动光圈精细、准确，但比较费时、费事。

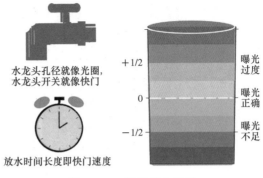

水龙头孔径就像光圈，
水龙头开关就像快门

放水时间长度即快门速度

图 4-26　曝光组合示意

4.3.3　自动光圈曝光

　　当选择自动光圈时，摄像机就会根据景物的亮度，自动调节光圈来记录画面里绝大部分景物的细节，并尽量保留画面最亮和最暗部分的细节。当拍摄对象的反差不大、照度均匀时，运用自动光圈拍摄，可以得到曝光准确的画面。在新闻拍摄等实际工作中，采用自动光圈来拍摄是非常常见的，它在操作上给摄像师带来了极大的便利。特别是在抢拍瞬间发生的事件时，常常来不及进行精细的光圈调整，只采用自动光圈拍摄，才能确保迅速、及时地记录重要的镜头。

　　自动光圈的弊端是容易出现曝光错误和混乱。例如，在拍摄一段连续画面时，由于景物亮度是变化的，如果采用自动光圈来拍摄，摄像机光圈就会因为拍摄对象的亮度变化而忽大忽小，这将导致视频画面忽亮忽暗，严重影响画面的质量。还有的时候，现场环境光比太大，即景物的亮部和暗部的亮度差别太大，摄像机无法完全记录所有细节。这时，就要手动调整光圈，来控制画面的曝光量。

4.3.4　手动光圈曝光

　　手动光圈要求摄像师根据拍摄景物的亮度，随时手动选择光圈来拍摄，这便于摄像师精确地控制曝光。当想要获取高调明亮或主体剪影（见图 4-27）的特殊效果时，采用手动光圈控制曝光是较佳选择。很多摄像机上有斑马纹功能，就是当画面中一些部分过于明亮，摄像机无法记录该

图 4-27　主体剪影效果

图 4-28　斑马纹功能按钮

部分的细节时（画面曝光过度），会在该部分出现黑白相间的条纹作为提示。斑马纹功能以英文"ZEBRA"表示，在需要时可按相应按钮（见图 4-28）启用该功能。

下面总结了几种需要从自动光圈转为手动光圈，以防止曝光错误的场景。

（1）当主体是大面积的深色的物体时，摄像机误认为画面亮度不足，会加大光圈来进行拍摄，结果导致主体的亮度过高，黑色变成了灰色。这时，要手动缩小光圈以减少曝光量，正确还原主体的亮度（见图 4-29）。

自动光圈拍摄，大面积深色主体曝光过度

手动光圈拍摄，缩小光圈，获得准确的曝光

图 4-29　手动光圈矫正曝光过度

（2）当主体是大面积的浅色的物体时，摄像机误认为画面亮度过高，会缩小光圈来进行拍摄，结果导致主体的亮度过低，白色变成了灰色。这时，要手动加大光圈以增加曝光量，正确还原主体的亮度。

（3）当主体处在大面积的深色背景前时，摄像机误认为画面亮度不足，会加大光圈来进行拍摄，结果导致主体的亮度过高，背景的黑色变成了灰色。这时，要手动缩小光圈以减少曝光量，正确还原主体的亮度。

图 4-30　逆光场景采用手动光圈拍摄

（4）当主体处在大面积的浅色背景前时，摄像机误认为画面亮度过高，会缩小光圈来进行拍摄，结果导致主体的亮度过低，背景的白色变成了灰色。这时，要手动加大光圈以增加曝光量，正确还原主体的亮度。逆光的场景就属于这种情况（见图 4-30）。

4.3.5　如何设定光圈值

采用手动光圈拍摄，就会面临怎样测量拍摄对象的亮度，选择光圈值的问题。以下 3 种处理方式，可以帮助摄像师设定光圈值。

（1）先运用自动光圈测定出光圈值，再转为手动光圈进行调整。比如拍摄窗前的人物，可以先将人物面部"推满画面"，用自动光圈测定光圈值是多少，然后转为手动光圈，并减小 0.5 ～ 1 挡光圈，就可实现正确曝光。

（2）采用折中法来确定最佳的光圈值。如拍摄一个物体到另一个物体的摇镜头时，以自动光圈测出起幅画面光圈值是 4，落幅画面光圈值是 8，这时取两个结果之间的光圈值，选定 5.6 的光圈值，并使用手动光圈来进行拍摄。

（3）以落幅画面为主来确定光圈值。在许多连续画面中，大多数时候落幅画面才是要表现的重点。这时，就应以落幅画面来测定光圈值（采用自动光圈），然后换为手动光圈定好光圈值再拍摄。比如拍摄演唱会，从观众全景推向舞台中心的人物时，就应以舞台上的人物脸部亮度来确定光圈值。

4.4　对焦操作

在拍摄的画面中，主体必须清晰、实在，而不能模糊、虚化，否则就是拍摄失败。摄像机的对焦操作，正是获得清晰影像的保证。

4.4.1　自动对焦操作

现在的中小型摄像机基本都设计有自动对焦功能，可以给摄像师带来很大的便利。使用自动对焦功能能满足大多数环境下的拍摄需要，只需要将镜头对准拍摄对象，不需要进行其他调整，摄像机会自动把焦点调整到"最佳状态"，获得清晰、准确的影像。但使用自动对焦功能时，有时分不清画面的哪个部分是主体，会发生对焦错误的现象，因此，在专业拍摄中，手动对焦往往更有保证。

4.4.2　手动对焦操作

手动对焦是一个技术活，摄像师要手动调整镜头上的对焦环进行对焦，以保证拍摄主体清晰。如果是拍摄运动主体，那么还要根据主体移动的速度和方向来预测主体的运动轨迹，进行手动跟踪对焦（手动跟焦）。

手动对焦和手动跟焦是摄像的重要基本功，平时多加练习才会熟练。手动对焦可按图 4-31 所示步骤进行操作。取景确定好拍摄画面之后，先将镜头对准被摄主体，再将镜头变焦至长焦端，让被摄主体在取景器中尽量被放大，然后对焦调整至被摄主体清晰，最后将镜头变焦到原先的画面正式拍摄。

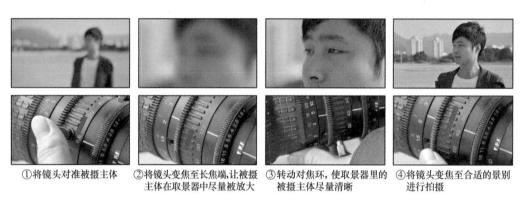

①将镜头对准被摄主体　②将镜头变焦至长焦端，让被摄主体在取景器中尽量被放大　③转动对焦环，使取景器里的被摄主体尽量清晰　④将镜头变焦至合适的景别进行拍摄

图 4-31　手动对焦方法

4.4.3　手动跟焦操作

手动跟焦虽然不太好操作，但是也有一定的控制技巧。首先要确定主体的移动轨迹。如果主体由 A 点移到 B 点，并且相对匀速地在运动，那么在拍摄前分别对 A 点和 B 点进行对焦，记住 A 和 B 点的对焦刻度。开始拍摄时，用 A 点的对焦刻度开始拍摄，根据主体的运动速度，在差不多的时间里跟焦到 B 点的对焦刻度，这样就可以基本保证起幅和落幅的对焦精度。当然在 A、B 两点之间可增加一些跟焦节点，这更有利于精确对焦。跟焦过程中要密切注意监视器里主体的运动变化和清晰度，以便及时调整应对（见图 4-32）。如果主体的运动是无规律的，则可对主体的运动方向做出判断，采用实时跟焦拍摄，同时注意应随时调整。

不管是自动对焦还是手动对焦，也不论是对焦还是跟焦，都可以适当采用较小的光圈来增加景深范围，利用较大的景深范围来"涵盖"主体的运动范围。这样就提高了拍摄清晰画面的成功率。总之，进行手动对焦和手动跟焦要善于判断，及时反应，勤练多拍。

图 4-32　根据主体清晰度进行跟焦

4.5　变焦操作

通过镜头的变焦操作，可以自由摄取远近不同的物体，可以放大、缩小同一个主体，还可以制造特别的艺术效果。变焦是体现摄像意图的必用手段之一。

使用变焦镜头进行变焦拍摄，首先要知道所用镜头的变焦比。不同的摄像机镜头，其变焦比有大有小。专业级摄像机镜头的变焦比一般在 5 左右，变焦过程相对较长，操作上也容易控制；家用级摄像机的变焦比大多为 20 以上，变焦范围大且变化急促，操作时要确保精准。

4.5.1　自动变焦操作

变焦有自动（电机伺服）和手动两种。自动变焦操作起来十分方便，变焦过程平稳，效果良好，所以大多数情况下可以选用自动变焦拍摄。有些摄像机的自动变焦还有不同速度的选项可供选择，比如索尼NEX-VG30 摄像机所配的自动变焦镜头，就有多种变焦速度的选项可供选择（见图 4-33）。对于大多数人来说，自动变焦省心省力，更受欢迎。这也是像掌中宝

图 4-33　变焦速度的选项

等的一些摄像机上，大多只有自动变焦而没有手动变焦的原因。但是，自动变焦在专业拍摄中有一些不足，如变焦速受到限制，不能随意变化，难以实现快速变焦或缓慢变焦等特殊效果。另外，在拍摄过程中，自动变焦的灵活性比较差。

4.5.2　手动变焦操作

手动变焦（见图 4-34）是专业摄像机、高档摄像机等的重要设置。虽然它操作起来不太方便，需要操作者具备相应技巧和丰富经验，才能获得预期的效果，但其使用自由、机动灵活、创造能力强等优势，使手动变焦拍摄深受众多专业摄像师的青睐。当然，到底是选用手动变焦还是自动

图 4-34　手动变焦

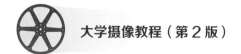

变焦，要根据拍摄任务和个人能力来确定。

4.5.3 变焦速度选择

变焦速度应该怎样来定，是很多初学者想弄明白的。这里有个原则：首先是操作要轻柔平稳（见图4-35），然后是要根据拍摄意图和题材的需要，选择合适的速度。比如，在拍摄有强烈音乐节奏的舞蹈类节目时，可选用高速变焦，根据音乐节奏进行拍摄，以增强画面动感；在拍摄

图 4-35　轻柔平稳地变焦

表现舒缓音乐的画面时，则适宜选用低速变焦，以适应舒缓的画面节奏。至于拍摄常规的题材对象，选用中速变焦即可。

4.5.4 变焦操作须知

在拍摄实践中，要注意几种变焦错误。

（1）滥用变焦镜头，画面忽近忽远重复拍摄，会让观众头晕眼花。在一次推近或拉远的变焦拍摄后，就应换另一个角度或画面，或者固定一个画面，再开机拍摄。

（2）变焦操作"抑扬顿挫"，让观众心慌意乱。变焦画面的起始和结束大多是静止画面，所以在变焦操作中动作要平缓，不要忽快忽慢。

（3）死板而缺乏灵活变化。当采用自动变焦拍摄时，遇到情况就可马上转为手动变焦拍摄；反过来也可以从手动变焦转到自动变焦拍摄。一切都应根据拍摄需要来选择变焦方式，从而更好地完成任务。

4.6　调整白平衡

要想保证拍摄的影像色彩不出现偏差，白平衡调整起着决定性作用。

4.6.1 白平衡的匹配平衡

人们常用"冷"和"暖"来描述光线，冷和暖不是指光线的热量而是指它的颜色，这就是光线的色温。色温对拍摄的影响很大，如果色温不匹配，视频影像就会出现偏色现象。如在晴天上午拍摄，物体色彩会被真实还原；在低色温的碘钨灯或白炽灯下

拍摄，物体色彩会偏橙红色；在阴天（高色温）或阳光下阴影处拍摄，物体色彩会偏蓝色（见图 4–36）。

图 4–36　色温对拍摄的影响示例（天龙摄）

　　摄像机上专门设置有"白平衡"按钮，通过这个按钮就可以根据不同色温的光线来调整画面颜色。白平衡可以理解成把白色还原成白色，让画面不偏色。在专业级摄像机上，通常可以预设并存储两个白平衡效果，以帮助摄像师便捷拍摄。

　　在摄像过程中，每一次更换场景都要及时调整白平衡。不夸张地说，开机后的第一件事就是检查并调整白平衡。现在的摄像机主要有自动白平衡和手动白平衡两种白平衡调整方式。

4.6.2　自动白平衡

　　自动白平衡是摄像机根据景物的色彩分布，对画面色温进行估算，然后自动对色彩进行校正。在一些专业级和广播级的摄像机内还有一套色温滤镜（见图 4–37）。

在实际拍摄中，根据光线的
变化直接选用相应的色温滤
镜，可以保证画面不偏色。
色温滤镜操作简单，拓宽了
白平衡的调整范围。在大多
数情况下，使用自动白平衡
能得到相对准确的色彩还原，
但在要求精确还原画面色彩

图 4–37　摄像机内置的色温滤镜

的拍摄中，不能完全依靠自动白平衡，还需要对白平衡进行手动设置。家用级摄像机大多设计为自动白平衡，专业级摄像机则几乎都是手动白平衡。自动白平衡操作简便、快捷，缺点是有时候会出现偏色现象。

4.6.3 手动白平衡

手动调整白平衡是摄像师必须掌握的一项技术。手动调整白平衡的操作步骤如图4-38所示。首先找一张白纸（或类似物体），放在现场光照下；然后用摄像机对准白纸，将镜头推到长焦端使白纸充满整个画面；再按住白平衡按钮，此时摄像机就会对白平衡进行调整，然后给出相应的色温（监视器上会显示出来）。这就是调整好的白平衡，此时即可进行现场拍摄。

①找一张白纸放在现场光照下

②将摄像机对准纸张

③将镜头推至长焦端

④让纸张充满画面

⑤按住白平衡按钮

⑥画面显示色温，白平衡调整完毕

图4-38 手动调整白平衡

4.6.4 白平衡预设

还可以利用预设白平衡进行拍摄。预设白平衡就是事先将某种白平衡储存在摄像机内，以备需要时调出使用。比如将钨丝灯的白平衡色温调整设置成A挡，将日光的白平衡色温调整设置成B挡（见图4-39），以后遇到相同情景便可快速调用。比如抓拍新闻场景时从室内转移到室外时，利用预设白平衡从A挡快速切

图4-39 预设白平衡

换到 B 挡，就不会耽误拍摄。当然，在不同的光照条件下，只要时间许可，最好是有针对性地进行白平衡调整。

4.7　景深控制与虚实效果

景深是制造虚实影像、营造画面氛围的重要方法。在摄像的诸多技能中，控制景深是很重要的一项。景深和镜头焦距以及光圈有一定的关系：光圈越小景深越大，光圈越大景深越小；焦距越短景深越大，焦距越长景深越小。

4.7.1　利用光圈控制景深

利用光圈控制景深，是控制景深的主要方法（见图 4-40）。因为摄像机的快门速度是预先设置并固定的，而光圈的大小是可根据现场光照条件随时进行调整的。当光照充足时，为了保证画面的正常曝光，摄像机就需要收缩光圈（自动或手动），光圈的收缩导致景深变大，景物的清晰范围就变大，同时背景就无法得到虚化。如果想要获得主体清晰而背景虚化的效果，可以调用摄像机内的密度镜，阻挡部分光线进入镜头，同时加大光圈来弥补光线的损失。大光圈可以造成小景深,实现背景虚化的目的。

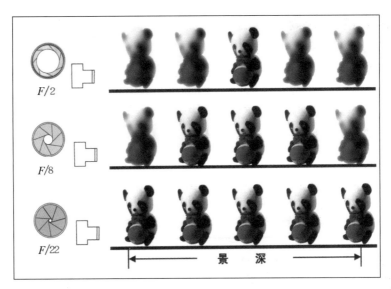

图 4-40　利用光圈控制景深

来看一个实例。在强烈阳光下的外景中，拍摄一段需要突出主体、虚化背景的视频影像，摄像机自动光圈给的是 F/16，显然这个小光圈无法实现虚化背景。这时，可以将密度镜调整到 1/64ND（见图 4-41），使进入摄像机内的光线变成原来的

1/64。这样，就要将光圈加大6挡，变成
F/2的大光圈，背景就会得到明显的虚化。

同样的道理，也可以控制光圈的大小，
来获得从近到远都清晰的大景深画面。比
如，不使用密度镜，就可以使光圈变小来
增大景深。

图 4-41　摄像机密度镜的调整

4.7.2　利用焦距控制景深

景深还受到镜头焦距的影响，所以还可以借助镜头的焦距来改变景深。比如，想
拍摄出主体清晰但背景虚化的小景深效果，可以让摄像机相对远离拍摄主体，用长焦
端进行拍摄。如果想让一朵花和远处的山都拍得清晰，就用广角镜头来拍摄，以制造
出超大的景深。

此外，还可以利用拍摄距离的远近来控制景深的大小，比如距离近时景深小，距
离远时景深大。当然，最好是将这些因素统一起来考虑，综合运用，以便获得最好的
景深控制效果。

4.8　摄像机操作要领

前文讲解了关于摄像机操作的技巧和方法，但在拍摄一段完整的视频影像之前，
还应明白摄像机操作的整体要领。

4.8.1　起幅、中间与落幅

与照相机一张一张地拍摄照片不同，摄像机从开拍到停拍是一个记录连续画面、
连续时段的过程。这一过程可以分为起幅（镜头开始）、中间（主要内容记录）、落
幅（镜头结尾）3个部分（见图4-42）。三者自然连续，相辅相成。要想拍摄一段好

图 4-42　起幅、中间与落幅

的视频影像，从起幅到落幅应顺畅。

4.8.2　操作要领

从整体上看，每一次拍摄获得的都是一个连续的画面，有起幅，有中间，也有落幅。好的画面应该从头到尾都显得很流畅、平稳，并具备有节奏的快慢变化和恰当的镜头运动变化，这些因素都要处理好才能获得好的结果。因此，必须按摄像机操作的要领来拍摄。摄像机操作的要领是：留、稳、准、平、匀、长。操作示意如图 4-43 所示。

图 4-43　操作示意

（1）留

"留"是指每一次拍摄的起幅之前和落幅之后应多拍摄 5 秒视频画面。因为后期编辑中有 5 秒的预卷时间，从技术上来说这 5 秒视频画面是不能用的，所以要预留出这段视频画面。

（2）稳

"稳"是指拍摄过程应保持摄像机稳定，而不能晃动、摇摆。否则，拍摄出来的视频画面会给观众带来视觉疲劳等感受。当然，有意为之的晃动除外。

（3）准

"准"有两个方面的要求：一是构图准确合适，迅速到位；二是准确聚焦，影像清晰。无论是静态画面，还是动态画面，都要一步到位、准确交替、结尾干净。

（4）平

"平"主要是指在画面中，地平线等应保持水平，建筑物等应保持直立。如果拍摄时不注意，不能保证这类标志线条的平直，使其歪歪斜斜地出现，就会给观众造成出现车祸、地震等的错觉。

（5）匀

"匀"是指运动镜头的操作，不要忽快忽慢、颠三倒四。如果镜头在推、拉、摇、移中，节奏不均匀、不合理、不正常，就会使观众感到画面混乱不堪。

（6）长

"长"是指在拍摄时要掌握好每个镜头时间的长度。一般来说，特写镜头为 2 ～ 3 秒，中近景为 3 ～ 4 秒，中景为 5 ～ 6 秒，全景为 6 ～ 7 秒，大全景为 6 ～ 11 秒。

运动物体的镜头时间长度可稍长，静止物体的可稍短。如果镜头的时长太短，图像会看不清楚；如果镜头的时长太长，则显得节奏拖沓，容易使观众厌烦。

4.9 固定拍摄与运动拍摄

视频影像的拍摄，可以分为固定拍摄和运动拍摄两大类。

4.9.1 固定拍摄

固定拍摄是指在摄像过程中，摄像机机位、水平方向和垂直角度、镜头焦距都固定不变（见图4-44）。以这种方式拍摄的画面也叫固定拍摄画面或固定镜头，它具有构图景别不变、活动空间不变、现场背景不变等特点。固定拍摄是比较常用的摄像方式，早期曾是电视摄像直播的唯一方式。

图4-44　固定拍摄

4.9.2 运动拍摄

运动拍摄是指在摄像过程中，摄像机机位、水平方向和垂直角度、镜头焦距会不断改变（见图4-45）。以这种方式拍摄的画面也叫运动画面或运动镜头，它具有画面景别多样、活动空间多变、现场背景多换等特点。运动拍摄突破了固定拍摄的视觉局限，极大地拓展了视频画面的变化范围与空间，所以其成为视频摄像中主要的拍摄方式。

图4-45　运动拍摄

运动拍摄主要是通过镜头的运动来实现的，具体来说就是镜头的推、拉、摇、移等动作，以及将这几种动作综合起来的复合运动。无论镜头怎样运动，运动过程也都少不了起幅、中间、落幅3个部分。因此在拍摄运动镜头时，要合理设计镜头的长度、运动走向和节奏变化，使各部分的过渡自然连贯。不能毫无目的地运动，或者有起幅没落幅，使观众无法认知画面信息。

1. 推镜头

推镜头是指摄像机机位不变，通过镜头从广角端到长焦端的变焦操作，将拍摄主体推近。拍摄画面的景别范围由大到小，主体由小到大。通过画面里的主体由小到大的变化，来强调并突出主体和重要细节。这样，只需要使用一个镜头就可以将整体与局部、环境与主体的关系交代清楚，而且画面流畅连贯。推镜头效果如图 4-46 所示。

图 4-46　推镜头效果

在推镜头的画面中，分为起幅、推进和落幅 3 个部分，为静—动—静的结构，其中落幅是重点。需要注意的是，使用推镜头拍摄应有明确的重点表现目标和适合的落幅画面，不能毫无目的地推镜头和仓促地处理落幅。同时，推镜头运动的节奏，也要与画面内容和情绪节奏相匹配，即内容平静时推镜头要慢，内容紧张时推镜头要快。

2. 拉镜头

拉镜头是指摄像机机位不变，通过镜头从长焦端到广角端的变焦操作，将拍摄主体拉远。拍摄画面的景别范围由小到大，主体由大到小。与推镜头刚好相反，拉镜头通过主体由大到小的变化，来表现主体与周围环境的关系（见图 4-47）。这样，只需要使用一个镜头就可以将局部与整体、主体与环境的联系，连贯、清楚地展示给观众。

在拉镜头的拍摄技巧方面，除了镜头焦距的变化与推镜头的相反之外，其他的操作要求基本一致。

3. 摇镜头

摇镜头是指摄像机机位不变，以三脚架或拍摄者身体为中心，围绕这一中心进行水平或垂直转动拍摄。在摇镜头拍摄中，镜头的焦距没有改变，也就是取景画框不变，但通过镜头上下转动或左右转动，使取景画框内的景物内容发生连续变化。这样就可以展示更广的空间和更多的对象，从而说明更多的人物关系和情节内容等。

运用摇镜头拍摄时，如果拍摄对象是运动主体（镜头随着拍摄对象的运动而转动），那么表现的就是运动主体的变化以及环境背景的变化；如果拍摄对象不是运动

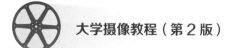

主体，那么摇镜头表现的主要是同一地点不同景物等的排列变化，则其具有超广的视野范围，就像一个人转动头部环顾四周的感受，这是固定镜头无法做到的。摇镜头效果如图 4-48 所示。

图 4-47　推、拉镜头比较

图 4-48　摇镜头效果

　　摇镜头的变化有很多。根据运动轨迹，可以分为横摇、竖摇和斜摇等。但不管怎样摇镜头，都要注意速度均匀，画面稳定，起幅、落幅准确。

　　4. 移镜头

　　移镜头是指摄像机镜头焦距不变，在改变摄像机机位的同时拍摄（一边移动摄像机一边进行拍摄）。移动镜头一般有平移、升降和旋转等方式，平移（横移）是左右移动，升降是上下移动（见图 4-49），旋转是圆周或弧形的移动。由于摄像机在以前后、左右、上下、圆周等方式移动，被摄物体会呈现出多角度的造型变化，也会发生多层次的空间变化。因此，移镜头可以营造出场面宏伟、被摄物体多变、空间复杂的效果，带给观众极其强烈的现场真实感。

图 4-49　升降拍摄

除了简单的单人扛机移动之外，移镜头大多需要在辅助设备上进行，比如升降机、摇臂、轨道、移动车和斯坦尼康稳定器等。这些设备可以很好地保证移动拍摄的稳定性。

还有一种跟镜头，可以将它归纳为移镜头。其特点是，跟镜头的移动始终是对准拍摄的运动对象的，比如斯坦尼康的移镜头就是跟镜头。它可以是前进跟拍也可以是后退跟拍，但画面景别和主体都基本不变。这在连续交代运动对象上独具优势，而且交代得非常详细。

5. 复合镜头

复合镜头就是综合运动镜头，是指在一个镜头中，将推、拉、摇、移等方式结合起来拍摄。它可以获得丰富多变的画面造型效果，是视频影像画面造型的有力手段。它还有利于记录和表现场景中一段相对完整的情节，有利于通过画面结构的多元性形成表意方面的多义性。实际拍摄中，镜头运动应保持平稳，镜头运动的每次转换应力求与主体的动作和方向转换一致，与情节中心和情绪发展的转换相一致，形成画面外部变化与画面内部变化的完美结合。

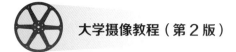

由于复合镜头综合了各种运动镜头，并将它们有机地融合在一起使用，因此其比单一的推镜头、拉镜头或其他运动镜头有更好的表现力。比如，升降摇臂上的摄像机在上下运动的同时进行推拉变焦，就融合了移动和推拉运动，可以营造出从头看到脚的视觉效果。

很多初学者喜欢使用运动镜头来拍摄，但效果往往令人失望，特别是复合镜头，更是会带给观众画面凌乱的感受。原因何在？主要是对单一的运动镜头操作还不熟练，对画面的构图把握也不准确，却急于将多种运动镜头综合起来使用。所以学习运动镜头，先要从简单的入手，对各个单一的运动镜头熟练使用后，再用复合镜头拍摄。

思考和训练题

（1）摄像机有哪些拍摄模式？

（2）握持摄像机应该做到哪3点？

（3）曝光结果可以简单地分为哪3种？

（4）摄像机上控制曝光量的两个重要装置是什么？

（5）简述自动光圈的优点。

（6）在哪几种场景下应使用手动光圈？

（7）通过实际操作练习手动跟焦。

（8）如何确定镜头的变焦速度？

（9）通过实际操作练习手动调整白平衡。

（10）简述光圈和景深的关系。

（11）什么是起幅与落幅？

（12）摄像机操作要领有哪几条？

（13）通过实际操作练习推镜头。

（14）通过实际操作练习摇镜头。

第 5 章

简明用光

有光就有影，光是拍摄视频影像的前提条件。

在摄像工作中，只有善于驾驭光线的人，才能获得理想的画面。光是塑造物体形象的基本元素，光的变化规律和运用技巧，是每个拍摄者都必须掌握的重要知识和技能。

5.1 光的类型与特点

生活中能发光的物体叫光源。根据自然属性，光源可分为自然光源和人造光源。自然光源如太阳、闪电等；人造光源主要是各种灯，摄像中常用的人造光源有白炽灯、碳弧灯等。自然光源发出的光叫自然光，人造光源发出的光叫人造光。

5.1.1 自然光的特点

自然光的变化多，亮度高，照明范围广，光线均匀，时间性很强（见图 5-1），早晚等特殊时段能产生别具美感的画面。

其强弱随季节、时间、天气、地理位置等而变化：一年之中有春、夏、秋、冬四季；一天之中有上午、中午、下午等各种时段；还有晴、阴、雾、雨、雪等天气类型。它们对应的自然光的光照强弱各不相同、差异很大，对拍摄视频影像常常具有决定性作用。例如，夏季光照强，可利用的拍摄时间长；冬季光照弱，可利用的拍摄时间短。另外，自然光的色温相对固定（见图 5-2），阳光的色温约为 5400K，晴天光线的色温为 10 000 ～ 18 000K，阴天光线的色温为 7000 ～ 10 000K。图 5-2 展示了光线色温情况和一天中太阳光线的变化情况。

图 5-1　美丽莆田——日出前后（连中凯摄）

一般情况下，外景拍摄主要依靠自然光照明，人造光则多用作辅助照明。因为不同的季节、天气、时间，可以完成不同的人物造型，烘托不同的情绪氛围，从而真实、自然和多样化地表现各种对象和情节内容。但是依靠自然光照明也有一个不足，就是受时空变化的影响，不能按照摄像师的主观想法进行拍摄创作。

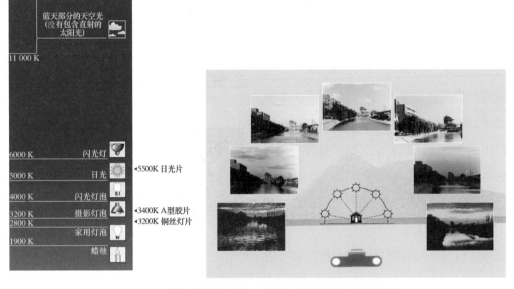

图 5-2　光线色温情况和一天中太阳光线的变化情况

5.1.2　人造光的特点

相对于自然光，人造光的亮度较低，强度较小，照明范围小，变化少，而且照明效果受距离的影响。但对于其照明亮度、照射角度和色温等，可以进行主动的控制和调节，不受季节、天气、时间和地理位置等自然条件的干扰限制。

从拍摄控制上来说，利用人造光既能够长时间连续保持同一种光照效果，也能随心所欲地模拟自然光场景，使创作者可以按照自己的艺术构想从容地拍摄，以塑造出各种人物形象、不同的光线效果和丰富的画面影调（见图 5-3）。但是，这些都需要有巨大的投入，才能够得以进行。另外，人造光运用不当会使影像失真，造成画面效果看起来很假。

图 5-3　电视演播现场

5.1.3 光的软硬

光线从性质上可以分为软光和硬光。
这主要与光源的聚散、强弱和投射距离
相关。硬光多是直射光（如阳光、聚光
灯发出的光），照亮人物时，光照充足，
方向性强，立体感好，能在光滑表面产生
反光与耀斑，形成轮廓清晰的阴影和高反
差的影调，造型能力强；但如果亮度差距
过大，将使拍摄对象的亮部或暗部细节受
损。图5-4所示就是硬朗的阳光效果，人
物脸部明暗分明。

软光则由散射光（如阴天、多云环境
下的光以及柔光灯发出的光）构成，光照
柔和、均匀，没有明显的方向性；被摄物

图5-4 湄洲女（陈勤摄）

图5-5 剧照（连中凯摄）

体有微弱的阴影或者没有阴影；反差小，明暗部位的质感都能得到细腻表现，影调层
次丰富。如图5-5所示，人物脸部由柔和光线照亮，皮肤细腻光滑，画面色彩柔美。
光线的软硬，可以从画面明暗交界线，也就是阴影的轮廓上判断得出。

5.1.4 光的冷暖

太阳升起或夕阳西下时的光线呈现的是橙黄的色调（见图5-6），给人以温暖的
感觉，以红、橙、黄所构成的色调称为暖色调。在清晨，东方刚露鱼肚白，太阳尚未
升起之时，以及太阳落山之后天空所呈现的蓝紫色光（见图5-7），给人以清冷、安
静的感觉，以蓝、绿、紫所构成的色调称为冷色调。

图5-6 江上渔舟（闻之摄）

图5-7 凤凰初暮（石昌武摄）

光线的冷暖给人的视觉和心理感受是不一样的。暖色使人产生前进和放大的视觉感，具有产生兴奋、火热、积极向上的氛围的作用；冷色使人产生后退、收缩的视觉感，具有产生沉静、冰冷、压抑氛围的作用。很多时候，画面中有冷暖对比会让画面显得更有韵味，如《美丽莆田》中表现的太阳刚升起的时刻，只有太阳周围那一丝暖色，整个画面还是笼罩在一片静谧的冷色调中（见图 5-1）。

5.2　光的变化与造型

5.2.1　光的方位变化

直射光具有明显的方向性，根据光的投射方向同摄像机之间所形成的角度，拍摄对象便可得到顺光、前侧光、正侧光、侧逆光、逆光等不同照明效果（见图 5-8）；当直射光源在垂直方向上移动时，就会出现光照高度的变化，即得到低位光、高位光、顶光等不同效果（见图 5-9）。

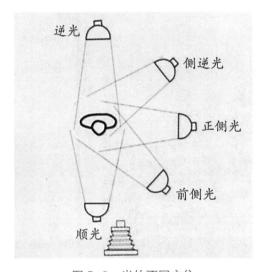

图 5-8　光的不同方位

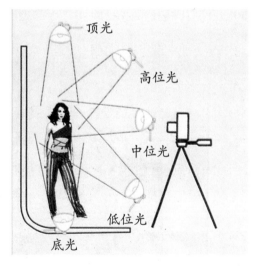

图 5-9　光的不同高度

1. 顺光

从摄像机方向照射到拍摄对象上的光线称为顺光（正面光）。拍摄对象朝向镜头的一面受到均匀的光照，投影在其背后，画面很少或几乎没有阴影，明暗差别小。顺光使画面亮度均匀（见图 5-10），能很好地再现物体的色彩，适宜拍摄明快、清雅的画面；其不足是得到的画面影调平淡，拍摄对象的立体感和空间感不强。

图 5-10　悉尼歌剧院（李东才摄）

2. 前侧光

从摄像机左右两侧投射并与拍摄轴线成 45°角左右的照明光线称为前侧光。在前侧光的照射下，拍摄对象有明显的受光面、背光面和投影，拍摄对象的立体感、轮廓形态和质感细节的表现都比较好（见图 5-11）。前侧光是一种主要的造型光，广泛地应用在各种题材的拍摄中。

图 5-11　教学楼（郑细洪摄）

3. 正侧光

从摄像机左右两边投射并与拍摄轴线成 90°角左右的照明光线称为正侧光。在正侧光的照射下，拍摄对象一半亮一半暗，明暗对比强烈（见图 5-12）。这种光照下，拍摄对象表面亮度的高低起伏显得很明显，空间感和立体感都很强。但正侧光造成的左右明暗区别，往往会带来高反差和浓重阴影，易产生粗糙感和生硬感。

4. 侧逆光

从摄像机前方、拍摄对象背后两侧照射的光线称为侧逆光。在侧逆光的照射下，拍摄对象正面大部分都处于阴影中，色彩、层次和细节都表现得不好，但拍摄对象的轮廓明显。侧逆光是拍摄剪影、半剪影作品的理想光线，对表现景物轮廓特征以及区别物体与背景比较有利，能使画面的空间感更强（见图 5-13）。

图 5-12　建筑（天龙摄）

图 5-13　小憩（黄亨奎摄）

5. 逆光

从摄像机正前方、拍摄对象正后方照射的光线称为逆光。在逆光的照射下，拍摄对象只有边缘部分被照亮，形成轮廓光或剪影效果，这对表现景物的轮廓特征及把物体与物体、物体与背景区别开来都极为有效（见图 5-14）。逆光拍摄时，如果背景比较暗，则拍摄对象周围能形成"光环"，使其从背景中分离出来，显得醒目、突出。一些半透明的物体，如丝绸、植物的叶子、花瓣等，在逆光的照射下会产生很好的质感（见图 5-15）。

图 5-14　前方（祝娇阳摄）

图 5-15　绿意（胡栋萍摄）

6. 底光和低位光

从拍摄对象的底部垂直向上投射的光
叫底光（见图 5-16），从视平线 40°以下
角度向上投射的光线叫低位光，底光和低
位光统称为脚光。在底光的照射下，物体
表面的明暗结构呈现特殊和反常的视觉效
果—向下和垂直的结构面受光而明亮，水
平面则无光而黑暗。这种光在舞台照明、
商业广告和人像摄影中比较常见。在静物
广告拍摄中，常将底光用作无投影照明。

图 5-16　玻璃杯（丘光标摄）

自然界极常见的低位光照明，是早晚的阳光，这时太阳光与地面形成的夹角在
15°以下，地面上物体的垂直面明亮、显眼。在许多影视片中，都可以看到这样的光
照效果。摄影师常利用低角度的特殊光线，来表现清晨和傍晚的美丽景象（见图 5-17）。

图 5-17　晨（石昌武摄）

7. 中位光

中位光又称水平光，其光源从被摄体中部高度的位置投射光线。中位光照明均匀
而充足，色彩还原度好，在广告、人像和风光拍摄中都有广泛应用。

8. 高位光

从高于视平线 45°左右的角度向下照射的光线（向下斜射光线）称为高位光，高
位光照射效果符合人们正常的视觉感受（与上午、下午阳光照射的效果相似）。在高
位光的照射下，拍摄对象大部分区域能接受光照并有亮暗过渡，拍摄对象的轮廓分明

且有立体感，投影大小正常，色彩再现效果好，高位光是拍摄中常用的照明光（见图
5-18）。当高位光处于正面、前侧方向时，用来表现各种建筑，会有很好的效果。无
论是建筑的立体感还是质感、细节，利用高位光拍摄都能给人真实、自然的视觉感受。

9. 顶光

顶光是从上方 90°左右向下垂直照射的光线，也就是从拍摄对象的顶部向下投射的
光线，顶光的照射效果与中午阳光的照射效果基本相同。在顶光的照射下，拍摄对象
的水平面（顶部）受光而明亮，垂直面和凹陷的部位较暗。顶光的优点是，可以很好
地勾画拍摄对象的轮廓，使水平面变亮而突出，投影短小或几乎消失。因此在表现屋面、
水面和地面等风光建筑类题材中，顶光有其特别的作用。图 5-19 所示为中午时分拍摄
的村庄，顶光直射而下，屋顶都反射着银色的光芒。顶光的主要缺点是，拍摄对象的
垂直面因受光少而显得黑暗，给人眼带来的视觉感受不太好，在用光时应该注意。

图 5-18　山顶风景（劳晨摄）

图 5-19　草登寺（陈勤摄）

5.2.2　用光造型

不管是用自然光还是人造光，是用大灯还是小灯，也不管是 1 盏灯还是 10 盏灯，
都要合理用光（见图 5-20）。那么，按照什么原则、要求布光？最基础的用光造型
法则是什么？本小节就对用光进行详细介绍。根据光线在造型中的作用，可以将其分
为主光、辅光、轮廓光、环境（背景）光、修饰光等。

1. 主光

主光是表现主体造型的主要光线，它一般用来照亮拍摄对象极有特点的部位，
塑造其基本形态和外形结构，以吸引观众的注意力。其他光的配置都是在主光的基
础上进行的，主光不一定是亮度最强的光，但其起着主导作用，可突出拍摄对象的
主要特征。

（a）安排示意　　　　　　　　　（b）基本效果

图5-20　光的安排示意和基本效果

　　主光灯位的左右及高低远近的不同，会使拍摄对象的形态各不相同。从顺光灯位到侧光灯位或侧逆光灯位的光均可用作主光（见图5-21），拍摄中可根据拍摄对象的轮廓、质感、立体感和画面明暗影调的表现需要来决定。通常，主光位于前侧光灯位上。在室外拍摄时，一般采用阳光作为主光，拍摄者可以根据自己的造型任务选择、确定阳光的位置。如果让阳光在逆光灯位作主光，再加以适当的人工辅助光，会使人物造型显得十分生动。

图5-21　主光灯位变化示意

2. 辅光

　　辅光又称副光，它常用于弥补主光照明的不足，提高暗部的亮度和减小拍摄对象的明暗反差，产生细腻丰富的中间层次和质感，起到辅助造型的作用。辅光的强弱变化可以改变影像的明暗反差，形成不同的气氛。

辅光灯一般放在摄像机的左右两侧，其亮度应低于主光灯的亮度，从正面辅助照射拍摄对象。如果它的亮度超过主光灯的亮度或与主光灯的亮度相同，就会破坏画面主光的造型效果，导致拍摄对象表面出现重影，或者缺乏立体感。

3. 轮廓光

轮廓光一般采用硬朗的直射光，从侧逆光或逆光方向照射拍摄对象，以形成明亮的边缘和轮廓形状，将物体与物体、物体与背景分开，并增加画面的空间深度。轮廓光通常是画面中较亮的光，但要防止它射到镜头上而出现眩光，使画面质量下降。

4. 环境（背景）光

环境（背景）光是照亮拍摄对象周围环境（背景）的光线，它可以消除拍摄对象在环境（背景）上的投影，使主体与背景分开，从而描绘出环境气氛和背景深度。而且，环境光能够在一定程度上融合各种光线，形成统一的画面基调。环境（背景）光的亮度决定了画面的基调倾向，暗背景使画面产生肃穆、沉静、阴郁的气氛，亮背景使画面产生平和、轻松、明朗的气氛。

在白天拍摄外景和实景时，环境光以自然光为主，有时适当补以人造光；室内实景拍摄时，人物背景光有时也采用人造光和自然光混合。专业摄影棚内的背景光则是人造光（各种散光灯、聚光灯发出的光），它包括天片光、带纵深的布景光等，以便更好地突出主体，交代事件发生的环境、气氛等（见图 5-22）。

图 5-22　人工布置背景光

5. 修饰光

修饰光也称装饰光，一般通过小灯获取，其位置灵活多变，用来修饰人物和弥补有关照明的缺陷，突出拍摄对象的局部造型和质感。它可对人物眼神、头发、面部以及服装、道具、布景等进行局部的修饰，加大画面亮度的反差，丰富影调层次，以达到造型上的"完美"。使用修饰光应精确恰当、合情合理，使其与整体环境协调、吻合。

修饰光中专门用来使眼球产生反光的光线称为眼神光，它可使人物形象看上去更有神。一般情况下，主光或辅光在完成照明任务的同时也能产生眼神光效果，这时就不必打眼神光，以免产生两个亮点，给人一种散神的感觉。如果需要，可用小灯在靠近摄像机的位置补充眼神光，亦可以靠大面积柔性光源拉远来打出眼神光，但都不应该干扰和影响原有的布光效果。

6. 光比

在照明布光中，经常需要考虑两种光（如主光和辅光）之间的亮度差——光比，也就是两种光的强弱关系。光比主要是指拍摄对象主要亮部和暗部的受光量的差别。一般情况下，主光和辅光的亮度差（光比）在 3∶1 左右。

光比影响着画面的明暗反差、局部层次和色彩再现效果（见图 5-23）。光比小，拍摄对象亮部与暗部的反差较小，容易表现出物体的丰富层次和色彩；但若光比太小，影调又会过于平淡，立体感也较差。光比太大，物体亮部和暗部的反差大，显得影调生硬，而且亮部和暗部的色彩难以兼顾，局部层次也有损失。

大光比　　　　　　　正常光比　　　　　　　小光比

图 5-23　光比的影响

5.3　光与画面影调

5.3.1　影调

影调是指画面上的明暗层次分布，以及整体上的明暗趋势（明亮或黑暗等）所共同构成的一种基本调子。

通过合理的用光，可以使作品整体上呈现出以某个影调或色调为主的影像效果，如黑白影调、红绿色调、高调与低调等，这些基调还有明显的情感倾向和引导作用。

例如，高调给人纯洁、高雅的感觉，低调让人感到深沉或压抑，冷色调让人感到安静，暖色调使人兴奋。通过调整光比，还可以制造出硬调画面和软调画面的风格，给人硬朗或温柔的视觉感受。

1. 中间调

这类影调的画面，主要是由中间调（色调）的景物影像所构成的。中间调是使用较多的一种基调，主要用来表现各种正常的影像效果。在用光上，主要是营造正常均匀的光线效果，没有什么限制。其特点是明暗适中、层次丰富、色彩正常，给人真实客观、大方明快的视觉感受。图 5-24 所示的就是一幅典型的中间调画面，从梯田最亮处到山谷阴影处，各种绿色的明暗层次很丰富，展现出明朗而热烈的氛围。

图 5-24　海交馆建筑

拍摄中间调画面，在选择什么样的对象上有一定的要求，最好拍摄对象本身也是正常影调（明暗适中和色彩正常）的景物对象。同时，还要保证曝光的精准。

2. 高调

这类影调的画面，主要是由高亮和浅白色物体的影像所构成的，也有很少量的深色影像。高调常用来表现浅亮的影像效果。从用光上来看，多采用强烈、充足和柔和的光线，以营造出高亮度的照明效果。其特点是色彩浅淡、层次细腻等，给人纯洁、淡雅、明净的印象。

高调画面的拍摄有以下几点要求：要选择白色或浅色的物体为对象，如雪山、白色瓷器等；采用顺光或散射光照明；曝光可故意过度；选择亮背景。这样就能获得明亮、浅淡的高调效果。图 5-25 中有一群飞舞的白天鹅，背景是浅白色的水面，白色的对象再加上曝光过度，画面整体显得格外清新、淡雅——高调表现很合适。

3. 低调

这类影调的画面，主要由黑色和深色物体的影像构成，也有很少量的浅白色影像。

图 5-25　天鹅舞曲（黄荣钦摄）

低调常用来表现黑暗的影像效果。从用光上来看，多采用微弱、集中和硬直的光线，以营造出低亮度的照明效果，这与高调刚好相反。其特点是色调深暗、层次不足等，给人肃穆、神秘的感觉。

图 5-26　如果遇见（连中凯摄）

　　低调画面的拍摄有以下几点要求：以黑色或深色物体为拍摄对象，如黑色煤炭、黑布等；宜采用侧光或逆光照射主体；曝光可故意不足；选择深暗的背景。这样就可以获得深沉、暗黑的低调画面。如图 5-26 所示，画面上大面积的深色，使画面产生了一些压抑的气氛。

5.3.2　色调

1.暖色调

　　这类色调的画面，主要由红色、黄色和橙色类物体的影像构成，也可以有少量的蓝色或青色的影像。暖色调主要用来表现火热的影像效果，在用光上也以暖色光为主，从整体上制造出偏红黄色的光效。其特点是画面红黄色彩突出，会有高调、低调和中间调的明暗侧重，但都给人温暖、红火的感受。

　　暖色调画面的拍摄有以下几点要求：选择红色或黄色物体为拍摄对象，如红旗、彩霞、红衣服等；红色、黄色类物体在画面中的比例（范围）应超过 70%；曝光要准确、合适。如图 5-27 所示，选择在夜晚的灯光下拍摄，画面上出现了大量的红黄色；减少曝光，令画面显得沉静，获得了暖意十足的色彩效果。

图 5-27　暖夜（范晓颖摄）

2. 冷色调

这类色调的画面，主要由蓝色、青色和蓝紫色类物体的影像构成，也可以有少量的红色或黄色的影像。冷色调主要用来表现清冷的影像效果，在用光上主要以冷色光为主，从整体上制造出偏蓝色的光效。其特点是画面蓝青色彩突出，可以有高调、低调和中间调的明暗侧重，但都给人冷静、凉爽的感受。

冷色调画面的拍摄有以下几点要求：选择蓝色或青色物体为拍摄对象，如蓝天、夜幕、青色衣服等；蓝色、青色类物体在画面中的比例（范围）应超过70%；曝光要准确、合适。如图 5-28所示，蓝色占主导，保证了清凉的基调，画面构成简洁，却给人联想的空间。

图 5-28　南少林（连中凯摄）

5.3.3　硬软调

1. 硬调

硬调画面主要由反差大、明暗分明的影像构成，强调明与暗的"冲撞"和"对抗"。从用光上看，多采用强烈、硬朗的直射光，营造出大反差、强对比的效果（见图 5-29）。硬调多采用侧光、侧逆光的照明，使拍摄对象受光面与背光面产生明显的光影对比，画面影调缺少丰富的过渡层次，物体结构关系清楚，但缺少质感的细腻描绘，给人粗犷、尖锐的感觉。

2. 软调

软调画面主要由反差小、明暗过渡柔和的影像构成，强调细腻的层次和柔和的气氛（见图5-30）。从用光上看，多采用均匀、柔软的散射光，营造出小反差、弱对比的效果。在拍摄中多采用散射光、正面光，以减少景物的投影或冲淡阴影的暗部。尤其是要注意使用散射光来冲淡景物受光面与背光面形成的大反差，以增加过渡层次。

图5-29　妈祖阁（连中凯摄）

图5-30　梦里水乡（范晓颖摄）

思考和训练题

（1）简述光源的类型。

（2）软光与硬光各有什么特点？

（3）请一位同学在阳光下当模特，围绕他拍摄一段视频画面，观察并分析顺光、前侧光、侧逆光、逆光等不同光照对人物的明暗关系、质感和形体表现等造型效果的影响。

（4）选择晚霞灿烂的黄昏，在天色全黑之前、街灯亮起的时刻拍摄一段校园夜景视频画面，并研究最佳拍摄时机。

（5）在影视灯光棚里，以石膏头像或同学为拍摄对象，布置主光、辅光、轮廓光、背景光、修饰光，各拍摄一段视频画面，现场回放视频画面并比较几种光的造型效果。

（6）什么是中间调？

（7）什么是暖色调？

第6章

简明构图

"从前有座山，山上有座庙，庙里有个和尚……"这首口口相传的民谣，表现在电影画面中就是一个从全景到中景再到近景的推镜头画面。闭上眼再想，似乎"看"到了从高山到小庙再到和尚的画面变化，这就是在视觉上通过构图景别的大小转变，来讲述一个故事。实际上，景别大小的不同变化，正是影视作品构图安排的基本手段之一。下面就来学习相关基础知识。

6.1 摄像构图基础知识

构图，是创作者为了表现某一主题，在画面中对拍摄对象进行结构布局和造型处理，使个别的、杂乱的、局部的元素组成统一的、艺术的、精彩的整体的过程。概括地说，构图的主要任务是：采用一定的形式，准确、鲜明、生动地表现拍摄对象，并展示某种艺术追求。

6.1.1 摄像构图的特点

电视剧、电影等视频影像的摄像构图是一种综合性的视觉艺术。从画面效果上看，它与图像摄影、绘画一样具有相似的造型艺术的特点，因此，图像摄影、绘画的许多构图原理也同样适用于摄像构图。但是，摄像构图又有其自身的特点，主要表现在以下几个方面。

1. 固定画框

电视剧、电影的画框是固定的横向的长方形样式，其拍摄不可能像拍摄照片那样，竖起相机拍摄竖画面，也不能像绘画那样随意选定边框线，这就给摄像构图带来了一定的局限与难度。但是，对于固定画框也可以发挥其自身的长处，利用运动镜头来表现拍摄对象。例如，用横摇来表现广阔、恢宏的场面，用竖摇来表现高大的建筑物等。

2. 一次性构图

电视剧、电影画面的构图必须在拍摄现场进行，时间性很重要，而且是一次性完成的。它不像照片，还可以在放大时进行剪裁；也不像绘画，可对草图反复推敲。因此，它对构图能力和熟练程度的要求更高。

3. 动态性构图

图像摄影与绘画记录的是一个静止的瞬间，而摄像则记录的是一个运动过程。在视频影像中，拍摄对象是运动的，拍摄者在考虑构图效果时应侧重考虑全过程中画面的布局与安排，而不是选择凝固某个典型瞬间。因此，它要求拍摄者在构图时，充分考虑起幅和落幅的关系，对运动过程中人物、事物的发展有预见性把握能力和总体把握能力。

6.1.2　画面景别安排

景别就是拍摄对象在画面中的大小比例，也就是拍摄范围的大小。一般分为远景、全景、中景、近景和特写 5 种景别（见图 6-1）。

图 6-1　景别示意（陈勤摄）

1. 远景

远景是指从远距离拍摄对象的景别，主要用来表现人和物的总体氛围、整体风貌（见图 6-2），如山川河流、原野草原等自然景物和场面。远景是表现空间范围极大的一种景别，具有非常宽阔的视野，常用来展示事件发生的时间、环境、规模和气氛。远景画面主要是为了给观众提供一个大背景或留下一个事件的总体印象，

图 6-2　远景（佟忠生摄）

画面中既没有明显的主体，也无法体现具体的活动状态。

远景画面可以用摇镜头的方法拍摄，以增加一种视野开阔的效果，或者在行进中表现更多的背景和活动空间，都会让人感觉画面生动、多变。也可以用广角镜头固定拍摄，这适合表现缓慢、沉闷、凝重的气氛或节奏。

2. 全景

全景以表现拍摄对象的全貌为首要任务，并兼顾较多的环境面貌（见图 6-3）。全景拍摄的可以是高山和河流，也可以是建筑、人物或植物等，无论拍摄什么，主

要都是用来交代完整的对象或者"全身的动作"，同时保留一定范围的环境和活动空间。全景是一种基本的介绍性景别。

全景画面可以用广角镜头拍摄，也可以用较长焦距的镜头移动拍摄，目的都是通过展示整个活动场景中的人物位置和相互关系等，向观众交代全面、真实的对象。

图6-3　全景（佟忠生摄）

3. 中景

中景是以表现拍摄对象的主要区域为重点，而舍弃完整全体的景别。在中景画面中，更重视具体动作和情节。中景画面常常只包括拍摄对象的一部分，如拍人物就只拍人的半身（见图6-4）。中景画面善于表现人物之间的交流、事件的矛盾冲

图6-4　中景（佟忠生摄）

突，大多用于表现情节和动作，环境相对弱化，已经变成次要内容。

中景可以使观众看清人物半身的形体动作和情绪，有利于交代人与人之间的关系，是表现人物活动较主要和较常用的景别，尤其在描写、叙事性镜头中用得较多，因此中景也被称为叙事性的景别。在拍摄中景画面时，要注意拍摄角度、人物姿势等的灵活变化，尤其是人物中景的拍摄要注意掌握分寸（不能截在腿关节部位）。

4. 近景

近景是一种表现拍摄对象的重点结构的景别，主要用来表现人物、建筑等的重点部分，如人物的上半身、天安门的城楼部分。近景的范围通常很小，但其在突出人物表情和神态、强调物体有关细节和质感特征上有很好的效果。近景画面中，环境所占比例很小。

近景画面主要交代对象的细节信息，展现人物的内心世界，展示物体表面的质感，具有很强的感染力和视觉冲击力。由于近景画面能使观众对对象进行细节展示，又有较好的视觉效果，因此它常用来展示、体现人物的心理活动、面部表情和细微动作，并产生一种交流感。近景是刻画人物性格极为有力的景别。

实际运用中，常将介于中景和近景之间的人物画面称为"中近景"，即人物大约腰部以上部分入画，所以又把它称为"半身镜头"（见图6-5）。这种景别不是常规意

义上的中景和近景，但兼具中景的叙事功能和近景的表现功能，所以越来越多地被采用。

5. 特写

特写是放大突出人和物的某个小局部或小细节的景别，如图6-6（a）所示，主要用来从细微之处揭示拍摄对象的内部特征及关键之处。对人物来说，特写画面

图6-5　近景（佟忠生摄）

除了表现人物头像或面部表情，还可以表现手部、脚部以及身体其他部位的动作（如大笑、握手、点蜡烛等）。当进一步缩小景别，在画面中只展现一只手、一只眼睛、一张嘴等更小的局部时，就是"大特写"，如图6-6（b）所示。

（a）特写

（b）大特写

图6-6　特写与大特写

特写画面，多采用长焦镜头远距离拍摄，也可以近距离用标准镜头拍摄。由于选取的目标单一，且是高度放大影像，所以要尽量使用三脚架等来稳定摄像机，避免抖动以保证拍摄对象清晰。

景别主要由镜头焦距和拍摄距离决定。镜头焦距相同的条件下，景别大小由拍摄距离的远近来定；拍摄距离相同的条件下，景别大小由镜头焦距的长短来定。当然，也可以将两种手段结合起来使用。

选择什么样的景别，主要取决于摄影者的意图。想要表现恢宏的气势或大场面（大空间），可选择远景和全景；想要突出主体对象并保留一些环境因素，可选择中景；想要突出人物的重要细节或生动情节，可选择近景或特写。

6.2　拍摄角度

人眼观看各类事物，有不同的观察角度。同样，摄像机的取景拍摄，也有各种拍摄角度。拍摄角度将决定观众从哪一个视点去看对象。从哪里看最美？从哪一个面看最能突出主体的特征？这就是选择拍摄角度应主要考虑的因素。从构图上分析，就是如何选择拍摄方向和拍摄高度。

6.2.1　拍摄方向

1. 正面方向

正面拍摄时，摄像机镜头从拍摄对象的正前方拍摄（见图 6-7）。通常拍摄对象处于画面中心，观众看到的是拍摄对象的正面形象。

正面拍摄有利于表现拍摄对象的正面特征，而且拍摄的画面是对称的结构。正面拍摄适合表现人物完整的面部特征、表情和动作，有利于拍摄对象与观众的"交流"，会产生亲切感（见图 6-7）；也有利于表现景物的横线条，营造出庄重、稳定、严肃的气氛（见图 6-8）。

图 6-7　《天地玄黄》中的正面拍摄 1　　　　图 6-8　《天地玄黄》中的正面拍摄 2

2. 斜侧面方向

斜侧面拍摄时，摄像机镜头轴线与拍摄对象成一定的夹角。斜侧面方向是影视画面中运用极多的一种拍摄方向（见图 6-9）。

斜侧面拍摄能突出表现人物的主要特征，同时使轮廓线条富于变化，有利于表现运动对象的方向性。在多人场景中（如对话、交流、会谈、接见等场景），从斜侧面拍摄还有利于主体、陪体的安排和区分主次关系，以突出拍摄对象。在拍摄风景、建筑等景物时，采用斜侧面方向拍摄可以很好地展示出多样的立体结构和空间形状（见图 6-10）。

图 6-9　《天地玄黄》中的斜侧面拍摄 1

图 6-10　《天地玄黄》中的斜侧面拍摄 2

3. 正侧面方向

正侧面拍摄时，摄像机镜头从拍摄对象左右两侧 90° 的位置拍摄，观众看到的是拍摄对象的侧面形象。正侧向方向是一种比较常用的拍摄方向。

正侧面拍摄有利于表现拍摄对象的运动方向、运行姿态及轮廓线条，突出拍摄对象的强烈动感和特征；还可以表现人物之间的交流、冲突和对抗，强调人物交流中双方的神情，并兼顾拍摄对象的活动以及平等关系（见图 6-11）。

4. 背面方向

背面拍摄时，摄像机镜头从拍摄对象的背后进行拍摄，使观众有与被摄对象的视线范围相同的主观感受。有时背面拍摄也可用来改变主、陪体的位置关系。

背面拍摄可以让人们产生参与感，可使拍摄对象视线前方成为画面的重心。新闻纪实画面等中，就常有人物背对摄像机镜头，给人强烈的现场感（见图 6-12）。由于观众不能直接看到拍摄对象的面部表情，故画面具有一种不确定性，给观众积极思考和联想的空间，从而引起观众的好奇心和兴趣。

图 6-11　《阿凡达》中的正侧面拍摄

图 6-12　《快乐周末》中的背面拍摄

6.2.2 拍摄高度

1. 平角度

平角度拍摄时，摄像机镜头与拍摄对象高度基本一致（摄像机与拍摄对象基本处于同一水平线）。所拍画面符合人们的观察习惯，具有平视、平稳的效果，平角度是一种纪实角度（见图6-13）。

平角度拍摄意味着摄像机镜头与人眼高度基本相同，拍摄对象正常、不容易产生变形，比较适合拍摄人物近景或特写。如果追求画面构图平稳和一般的透视效果，用平角度拍摄较为合适；如果想表现体育运动中身临其境的现场感，平角度拍摄也很合适（见图6-14）。不过平角度拍摄也有一定的缺陷，即前后景物容易产生遮挡，难以展现大纵深的景物和空间层次。

图6-13 《美丽漳科》中的平角度拍摄1

图6-14 《美丽漳科》中的平角度拍摄2

2. 俯角度

俯角度拍摄时，摄像机镜头高于拍摄对象，是从高向低拍摄的（见图6-15），这就像人在低头俯视。俯角度拍摄可以表现正、侧、顶3个面，从而增强物体的立体感，加强平面景物的线条透视感。

俯角度拍摄时，离镜头近的景物降低，远处的景物升高，从而展示了开阔的视野，增加了空间深度。在展示场景内的景物层次、规模等方面，在表现整体气氛和宏大的气势上，俯角度拍摄独具优势。比如草原上奔走的羊群、纵横曲折的河水等，大多采用俯角度拍摄，其目的在于表现多层次的地面景物（见图6-16）。

图6-15 《美丽漳科》中的俯角度拍摄

图6-16 《阿凡达》中的俯角度拍摄

3. 仰角度

仰角度拍摄时，摄像机镜头处于人眼（视平线）以下位置或是从低于拍摄对象的位置向上拍摄，效果与人向上看东西的效果类似。仰视镜头能形成高大、挺拔、雄伟的视觉效果，因此仰视镜头经常带有褒义，往往用于表现英雄人物（见图 6-17）。

图 6-17 《美丽漳科》中的仰角度拍摄

仰角度拍摄时，前景升高，后景降低，有时后景被前景所遮挡而看不到。仰角度拍摄有垂直线条的景物时，线条向上汇聚，有夸张拍摄对象高度的作用，从而产生高大、雄伟的视觉效果。在拍摄外景时，采用仰角度以天空为背景拍摄的话，可以净化背景，达到突出主体的目的。

6.3 画面的主次分配

画面中总会有主要对象（主体）和次要对象（陪体），还有周围的环境，怎样将这些内容有机地组合起来，是需要摄像师来决定和安排的。

6.3.1 主体

主体是摄像画面中的主角，用于表达主题和揭示事物本质的形象。主体是画面里最主要的组成部分。因此，选择画面的主体时，首先要考虑主题的需要，寻找典型代表和富有表现力的拍摄对象。在进行画面构图处理时，主体是需要重点刻画的对象，所有的画面元素（不论是人还是物）的安排都应围绕它进行，并要通过构图处理好主体与陪体、主体与背景等其他画面结构内容之间的相互关系。图 6-18 中的铜狮子就是画面的主体，蓝天和宫墙等都是它的陪衬。主体的表现形式一般有直接表现与间接表现两种。

图 6-18 主体示意

1. 直接表现

这种表现形式是指一开始就让主体在画面中占有较大的面积或者处于突出位置，可以鲜明、准确地表现主体的特征和质感，达到开门见山、一目了然的效果。

（1）中心主体

将主体放在画面中心时，由于视线汇

图6-19　《天地玄黄》中的主体表现画面

聚效应，观众会自然地注意到这个中心主体（见图6-19）。这符合视觉心理学的原理，即最中心的物体往往是最引人注目的。需要说明的是，"中心"是指在十字中心点周围的中心区域，而不是简单地指中心点处。另外，在画面的中心区域安放主体，还有一个优势就是画面的内容中心与几何结构中心合二为一，使主体在突出的同时又显得十分稳定。

（2）大面积主体

当一个物体占据画面大部分区域时，这种面积上的优势有利于安排画面的主体。超大的面积等同于将物体"放大"了，使其变得更加醒目，也就达到了突出主体的目的。大面积主体有多种变化，有的可以占画面70%以上，这是比较常见的；有的可以全部占满画面，如果采用这种构成形式，要注意避免画面单调、乏味（见图6-20）。

图6-20　鲜花（曲阜贵摄）

2. 间接表现

这种表现形式的主体在画面中占的面积常常不大，但却是画面结构中心，吸引着人们的视线。这种表现方法比较含蓄，侧重于用环境的陪衬和气氛的渲染来描写主体，而不着重于阐述主体的特征和质感（见图6-21）。比如在某一场景，主体与迅速移动的人群运动方向相反，那么观

图6-21　《天地玄黄》中的间接表现

众可以迅速找到主体。

将主体安排在黄金分割位置，是间接表现使用得比较多的手法。黄金分割位置可以用中国的九宫格来简化说明，即将画面的横竖都划分为三等份，就形成了"井"字形交叉。当把主体安放在画面的黄金分割位置（点、线等位置）上时（见图 6-22），可以形成均衡而灵动的构图效果。在许多运动镜头中，这种安排是非常有用的处理手法，它可以在突出主体的同时又照顾到陪体，还便于两者关系的转换。

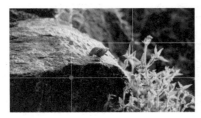

图 6-22　黄金分割位置运用示例

6.3.2　陪体

陪体是摄像画面中的配角，主要对主体起烘托、陪衬、美化等作用，使主体的表现更为充分，它也是画面构成中不可缺少的组成部分。实际上，陪体范围很广，可大可小。除了主体以外的一切有价值的对象都可以叫作陪体。陪体也包括周围环境（前景和背景），但通常将环境单独作为一个部分进行讨论。

陪体常常并不直接揭示主题，而是通过交代事物、事件存在和发生的时间、空间，来衬托主体形象，使主体形象成为摄像画面中的主角。陪体还可以营造画面气氛和意境，摄像师常常依靠对陪体的加工处理来增强画面的形式美。陪体的表现形式通常也分为直接表现和间接表现两种。

1. 直接表现

直接表现是指陪体直接出现在画面中，但不能影响主体的突出，更不能削弱主体，绝不能为了强调陪体的完整而影响主体的表现。比如在图 6-23 所示的《光绘表演》的推拉画面中，我们先看到攒动的人头和相机，然后画面拉开看到飞舞的烟花，再看到烟花中的红衣舞者。这里人头、相机和烟花的出现是为了提前告诉观众这是一个什么样的场景，在这样的场景下

图 6-23　《光绘表演》的推拉画面

接下来要发生的表演也就顺理成章了。

2. 间接表现

间接表现指陪体不出现在画面中，而在画面之外，靠观众的联想出现在观众的脑海之中。陪体的间接表现一般利用主体视线、动作及线条的朝向来诱发观众的想象。在实际拍摄时，要根据画面所要表现的内容，处理好主体与陪体的关系，选择恰当的构图形式。

在拍摄人物时，主体人物应朝向镜头，形象要表现完整。陪体人物可以以侧面或背面表现为主，形象也不必表现完整，有的陪体还可适当虚化。另外，选择的陪体要恰当，才能起到阐述主题、表明主体身份、引导观众思维、帮助观众理解画面内涵的作用（见图6-24）。

图6-24 《天地玄黄》中的主体与陪体

6.3.3 环境

环境是指画面中主体周围的各种景和物（包括人物）。环境既是表达作品内容的重要组成部分，又起着衬托主体的作用——说明主体所处的环境空间，表明创意，加强作品的艺术感染力。

1. 前景

前景是指画面中处于主体与摄像机之间的一切景物，它处在画面中最前方的位置。

前景可以帮助主体直接表达主题。在运动摄像中，前景能够增强节奏感和韵律感；从结构形式上看，前景有助于强化画面的纵深感和空间感；从表达上看，前景可以用来渲染气氛和交代特征，与主体形成某种蕴涵特定意味的关系以加强画面效果（见图6-25）。

2. 后景（背景）

后景是指处于主体后面的景物，用以说明主体周围的环境，展现画面纵深层次和情绪气氛。

后景在画面中有着不容忽视的地位和作用。从内容上说，后景可以表明主体所处的环境、氛围及位置，并帮助主体表达画面的内容和主题；从结构形式上说，它可以使画面产生多层次景物的造型效果和透视感，增强画面的空间纵深感。因此，在平时的拍摄构图中，安排好后景，可以起到好的衬托作用（见图6-26）。

图 6-25　《天地玄黄》中的前景示例

图 6-26　《天地玄黄》中的后景示例

6.4　构图的总体要求

6.4.1　对比

对比又称对照，是指把对象间各种形式、要素间进行质和量的对照，以使各自的特质更加明显。对比对人的感官有较大的刺激，易于使人感官兴奋，获得更鲜明的视觉感受效果。对比是造型艺术中最富活力、极有效的原则之一。

对比可以使原要素中已存在但不鲜明、不显露的外形和内涵更突出、强烈地表现。同时，对比可以带来新的变化，形成视觉中心，划分主次等。

对比是一种自由的形式，主要是依据物体本身的大小、疏密、虚实、显隐、形状、色彩和肌理等方面的差异而构成的。自然界中的冷与暖、干与湿、亮与暗都可以形成对比效果（见图 6-27）。

图 6-27　《天地玄黄》中的对比效果

对比的前提是必须有参照系。在生活中，说某个人很胖，那么他周围的人一般会比他瘦，或者他和人们认为的正常体型相比，要胖一些。这就说明，对比要有参照系或者说具体的群体，无参照系的单一个体是无法构成对比的。对比其实就是一种比较，可以是显著的、强烈的，也可以是模糊的、轻微的；可以是简单的，也可以是复杂的（见图 6-28）。

图 6-28　《出海记》中的对比效果

6.4.2 均衡

均衡是指画面中拍摄对象（主体与陪体）之间具有形式或心理上的近似关系，使画面在总体布局上形成明显的稳定性。这种稳定的均衡感，可以是天平式的对称布局，也可以是中国老秤式的不对称布局，只要在内容情节和视觉心理两个方面令观众觉得均衡就行。

均衡其实是一种对称，它不是通过简单图案的量化对称实现平衡，而是通过画面不同的疏密关系等达到意象上的和谐与平稳。大与小、多与少、疏与密、浅与深、黑与白等原本矛盾的要素，可以通过合理布局而达到平衡。均衡是一种富有诗意的安排："大漠孤烟直"——横线与直线的适度取舍能形成均衡；"长河落日圆"——点与线的有机结合也能形成均衡。均衡与单纯的对称相比，更富变化、更灵活、更有拓展性，同样能稳定画面的重心。

（a）工厂夜景

在摄像构图中，均衡的画面不一定是两边的景物形状、数量、大小，排列得一一对应，不一定是绝对的对等，而是景物形状、数量、大小不同的排列给人视觉上的稳定，是一种异形、异量的对应均衡，是一种艺术上、心理上的平衡（见图6-29）。

（b）日落

图6-29 《出海记》中的均衡

6.4.3 多样统一

在视频拍摄中常有两难的选择：想让景物在画面里成为有机统一的整体，但景物有序排列后往往又会显得死板和僵化。要处理好这样的难题，就需注重多样统一原则，即在保证集中统一的前提下实现丰富多彩。

多样是有变化、复杂而丰富；统一是有单一性，协调集中。多样统一就是说，在复杂的局面中要形成集中统一的协调，在单一的情况下要创造丰富多样的变化（见图6-30）。多样统一可以说是贯穿在每次拍摄中的，包含构图中实和虚的要素、直接和间接的对象，也潜藏于许多构图技法的运用之中。如对比的应用中，大与小、明与暗、直与曲、虚与实等（见图 6-31），都需要在强调对比的同时达到一种统一，否则就会导致不可控制的混乱。

在实际创作中应用此项原则，就可以突破常规，让画面活跃起来，做到既有整体秩序感，又有统一中的醒目变化。

在艺术组合结构中，各种独立的差异要素要融合起来。从形式上看，不仅要有外在的差异，还要有内在的联系，才能构成统一的整体，产生赏心悦目的效果（见图 6-32）。

图 6-30　《乡情》中的多样统一效果

图 6-31　《天地玄黄》中的多样统一效果

图 6-32　《乡情》中的多样统一效果

思考和训练题

（1）画面景别主要有哪几种？

（2）对同一对象，从正面、侧面、背面 3 个方向各拍一段视频画面，然后进行比较。

（3）对同一对象，从高、中、低 3 个角度各拍一段视频画面，然后进行比较。

（4）什么是主体？主体的直接表现有哪几种方法？

（5）什么是陪体？陪体的间接表现如何实现？

（6）试拍有装饰前景的视频画面。

（7）简述对比与均衡。

（8）拍摄视频画面时为什么要追求多样统一？

第7章

编导基础与分镜头

已经创作过视频影像作品的人可能知道，在掌握有关的器材知识、用光和构图技巧之后，还应掌握一定的编导知识与分镜头知识，才可以在视频影像的创作天地中大展身手、应付自如。

7.1　编导基础

7.1.1　编导任务

如果要创作一部视频影像作品，编导（编剧和导演）通常是作品创作的核心。在专业的影视作品（如电影、电视剧等）创作中，分工很细（见图 7-1），有制片人、导演、编剧、演员、摄影摄像人员、置景道具人员、录音人员、灯光人员、场务人员、后勤人员等。大家相互配合，在一定时间内完成影视作品的拍摄。

图 7-1　影视片创作中的分工合作

1. 编导工作 3 个阶段

一般来说，编导的主要任务是根据脚本进行创作构思，拟订工作计划和拍摄方案，组织和指导拍摄活动，与摄像师、剪辑师等主创人员一起，制作出成功的视频影像作品。具体来说，编导工作有 3 个阶段：第 1 阶段是进行选题策划，采访调查对象，写作有关脚本；第 2 阶段是分解文字脚本，制订工作计划，组织视频拍摄；第 3 阶段是整理影像素材，后期编辑制作，完成视频影像作品。

但在大多数情况下，视频影像作品的拍摄可能不是大制作，一项拍摄任务通常仅由几个人所完成，许多工作会合并为 1 人完成。例如，编剧、导演工作为 1 人所做，

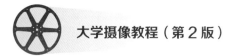

摄像、灯光工作为1人所做，后勤、场务工作为1人所做的3人小组是常见的配置，有的甚至就是单兵作战（编、导、摄合一），从编导到摄像到场务的工作都由摄像师一人承担。因此，摄像师应该学习和掌握编导知识，以便更好地满足工作需要。

2. 编导工作流程

编导的工作流程主要包括以下几个方面。

（1）接受任务和建组

接受有关任务后，应充分了解主要内容和具体要求，如目的、风格、受众、时长等，然后筹建摄制组，进行合理而严密的分工，向参与工作的人员进行工作任务的总体介绍和岗位安排。

（2）确定选题和提纲

题材选择正确是成功的基础。选题主要基于社会要求、观众兴趣、经济条件、栏目定位等。在定好选题的基础上，确定作品主题、内容结构和表现方式等，制定拍摄提纲。

（3）设计分镜头脚本

分镜头脚本设计是对影片或栏目的总体设计，也是"施工"的蓝图，是编、导、摄人员在对工作任务和文字脚本理解和构思的基础上，对全片所有镜头的变化与链接关系进行设计，同时对每一个镜头的画面声音、时间等所有的构成要素做出准确的设定。分镜头脚本设计相当于事先的彩排，也可说是进行了一次模拟剪辑。

（4）安排机位和画面

该任务主要是在分镜头脚本的基础上，根据编导的要求，提出大致的拍摄设想。如先确定摄像机的机位、镜头的景别、拍摄的角度、运动摄像与固定摄像的具体分配、画面的影调和色彩、人物与背景、天气与光照、现场声音记录等。

（5）准备开机拍摄

联系拍摄对象，落实拍摄地点、时间、交通等具体事项。对拍摄现场的人物对象、环境场地、交通线路等，进行实地勘察了解；提前准备拍摄器材（摄像机、镜头、三脚架等）和附属设备（电池、充电器、磁带、灯具、话筒等）；做好后勤安排（交通车、食宿等的安排）。

（6）现场调度和指挥

在拍摄现场有一项工作很重要，就是现场的调度和指挥。从安排或指挥拍摄，到指导现场表演，再到发现问题并及时处理，现场调度和指挥对于每一场"戏"的顺利完成都起着决定性作用。

（7）后期审查把关

后期编制是视频影像作品制作过程中不可缺少的重要一环。在此期间的主要工作有：对文字脚本和解说字幕内容的审查、定夺；向剪辑人员阐明创作构思和要求，指导视频影像作品的剪辑工作；把握画面和声音的关系，在影片节奏、整体风格、特技效果、声音、字幕等相关的技术手段的使用上，认真、全面地把关、检查。

7.1.2　采用蒙太奇思维

1. 什么是蒙太奇

蒙太奇是由法文音译而来的，原为建筑学术语，意为构成、装配。它主要是指导演根据一部影片的主题，分别拍摄许多镜头，然后把这些不同的镜头有机地组织、剪辑在一起，使之产生连贯、对比等联系和快慢不同的节奏，从而组成一部影片，这些构成形式与构成手段就叫蒙太奇（见图 7-2）。毫不夸张地说，蒙太奇是视频影像作品创作中最重要的思维方式，也是影视作品中最主要的创作手段。

图 7-2　使用蒙太奇制作的画面（尤斯曼摄）

2. 蒙太奇的作用

在影视作品中，蒙太奇主要有以下几个作用。

（1）使影视作品取得时空方面的极大自由。蒙太奇的运用，可以使影视作品大大压缩或者增长生活中实际的时间，形成所谓"电影的时间"。例如，展示天坛的古典建筑，用几个镜头 1 分钟就可以将人们实际需要 1 小时才能看完的景观展示出来，而且画面还很精彩（见图 7-3）。

图 7-3　《天坛风景》中的蒙太奇效果

（2）使影视作品具有高度概括的能力。例如，通过不同瞬间镜头的剪辑组合，可以让观众快速认识有关事件。

（3）使影视作品可以自由地交替使用叙述的角度。在叙述某个主题时，编导可以选择不同身份的人自由出场。

（4）使影视作品可以通过镜头更迭运动的节奏，影响观众的心理。利用镜头的长短、快慢等剪辑组合，制造出"新"的画面节奏。

3. 蒙太奇的分类

（1）叙事蒙太奇

叙事蒙太奇是影视作品中常用的一种叙事方法。它的特征是以交代情节、展示事件为主旨，按照情节发展的时间顺序、因果关系来分切或组合镜头、场面和段落，从而引导观众理解剧情。叙事蒙太奇具有脉络清楚、逻辑连贯、简单易懂的特点。叙事蒙太奇包含下述几种具体技巧。

①平行蒙太奇。这种蒙太奇常并列表现不同时空（或同时异地）发生的两条或两条以上的情节线，分头叙述并将其统一在一个完整的结构之中。平行蒙太奇应用广泛。首先，用它处理剧情，可以删减过程以概括集中，有利于节省篇幅，增加影视作品的信息量，并增强影视作品的节奏；其次，由于平行蒙太奇是几条情节线并列表现的，因此会相互烘托、形成对比，易于产生强烈的艺术感染效果。例如，在战争影视作品中，常有敌我双方抢占制高点的场面交替出现，这种平行推进的画面安排技巧就是平行蒙太奇，可增加紧张的气氛。

②交叉蒙太奇。交叉蒙太奇又称交替蒙太奇，它将同一时间不同地域发生的两条或数条情节线迅速而频繁地交替剪接在一起，其中一条情节线的发展往往会影响另外的情节线，各条情节线相互依存，最后汇合在一起（见图7-4）。交叉蒙太奇极易引起悬念，造成紧张、激烈的气氛，加强矛盾、冲突的尖锐性，是调动观众情绪的有力手法，惊险片、恐怖片和战争片中常用此法制造惊险的场面。

图7-4　《英雄归来》中的交叉蒙太奇效果（黄荣钦摄）

③颠倒蒙太奇。颠倒蒙太奇是一种打乱结构的蒙太奇技巧，先展现故事或事件现在的状态，然后倒回去介绍故事的始末，表现为事件过去与现在在概念上的重新组合。它常借助叠印、划变、画外音、旁白等转入倒叙（见图 7-5）。运用颠倒式蒙太奇，打乱的是事件顺序，但时空关系仍需交代清楚，叙事仍应符合逻辑关系，事件的回顾和推理都以这种方式来表现。

④连续蒙太奇。这种蒙太奇不像平行蒙太奇或交叉蒙太奇那样多情节线地发

图 7-5 《迷失》中的颠倒蒙太奇（范晓颖摄）

展，而是沿着一条单一的情节线，按照事件的逻辑顺序，有节奏地连续叙事。这种叙事显得自然、流畅、朴实，但由于缺乏时空与场面的变换，无法直接展示同时发生的情节，难以突出各条情节线之间的关系，不利于概括，易产生拖沓冗长、平铺直叙之感。因此，在一部影片中很少单独使用连续蒙太奇，其多与平行蒙太奇、交叉蒙太奇混合使用。

（2）表现蒙太奇

表现蒙太奇是以镜头队列为基础，通过相连镜头在形式或内容上相互对照、冲击，从而产生单个镜头本身所不具有的丰富含义，以表达某种情绪或思想。其目的在于激发观众的联想，启迪观众的思考，给观众留下强烈的印象。表现蒙太奇包含下述几种具体技巧。

①抒情蒙太奇。这是一种在保证叙事和描写的连贯性的同时，表现超越剧情之上的思想和情感的蒙太奇。最常见且最易被观众感受到的抒情蒙太奇往往会在某一叙事场面之后，恰当地切入表现情绪、情感的空镜头。如在影视作品中经常会在爱人的深情对话之后，紧接着切入盛开的花朵或蓝天。花朵或蓝天虽然与剧情无直接关系，但抒情意味明显。

②心理蒙太奇。它是描写人物心理的重要手段，它通过镜头组接或声画的有机结合，形象生动地展示人物的内心世界，常用于表现人物的梦境、回忆、闪念、幻觉、遐想、思索等精神活动。心理蒙太奇在剪接技巧上多用交叉、穿插等手法，其特点是：画面和声音具有片段性，叙述具有不连贯性，节奏具有跳跃性，声画形象带有剧中人物强烈的主观性。

③隐喻蒙太奇。这是一种通过镜头或场面的队列进行类比，含蓄而形象地表达创作者的某种寓意的蒙太奇技巧（见图 7-6）。这种手法往往会将不同事物之间某种相似的特征突显出来，以引起观众的联想，使观众领会创作者的意图和领略事件的情绪色彩。在运用这种手法时也要谨慎，要避免牵强附会。

④对比蒙太奇。类似文学中的对比描写，对比蒙太奇通过镜头或场面之间在内容上的强烈对比，产生相互冲突的效果，以表达创作者的某种寓意或强化其所想表现的内容和思想。常见的有贫与富、苦与乐、生与死、高尚与卑劣、胜利与失败等性质上的对比，也可以是景别大小、色彩冷暖、声音强弱、动静等形式上的对比。

图 7-6　《源与院》中的隐喻蒙太奇效果（陈勤摄）

7.1.3　综合运用视听语言

视频影像作品创作是一种视听结合的、科技含量高的综合艺术，其有着自身特性和发展规律。作为编导，应精通蒙太奇视听语言叙事技巧，并将场面调度、镜头调度、表演控制、光色调度、音响音乐调度以及节奏调度等一系列创作手段综合运用起来。

1. 视听语言

视听语言被称为 20 世纪以来的主导性语言，是构成视频影像作品的重要元素，是以影像和声音为载体来传达人们意图和思想的语言，是用画面和声音来表意和叙事的语言。它包括景别、镜头与运动、拍摄角度、光线、色彩和各种声音等。编导不应该只是用笔或者计算机进行写作，而应该从摄像机的视角去设计。

从大的方面来分，视听语言可以直接划分为视觉元素（视元素）和听觉元素（听元素）。在视频影像作品中，声音与画面是构成作品的两个元素。视觉元素主要由画面的景别、色彩效果、明暗影调和线条空间等形象元素所构成，听觉元素主要由画外音、环境音响、主题音乐等音响效果所构成。两者只有高度协调、有机配合，才能展示真实、自然的时空结构，产生立体、完整的感官效果，从而真正创作出好的作品。

2. 声画关系

掌握和控制声音与画面的关系，并精心设计、运用视与听的融合形态，是决定视频影像作品质量的重点。如何控制声音与画面的关系？一般可以按以下4种方式来设计。

（1）声画同步：即声画合一，音乐基本上与画面吻合，声音（包括配音）和画面形象保持同步进行的自然关系。声音与画面的情绪、节奏一致，视听感受统一，观众在观看画面时，会不知不觉地接受音乐。这是较常见的一种音画关系。

（2）声画对位：视频影像作品声画不同步的另一种情形，即声音与画面分别表达不同的内容，从不同的方面说明同一层含义。它包括两种艺术处理方式，一是声画并行，声音与画面的内容和情绪一致，但存在量度、节奏的反差；二是声画对立，声音与画面的形象和情绪完全相反。

（3）声画错位：声音先于画面或后于画面出现，形成声画对位上的时间差。它包括声音错前和声音错后两种艺术处理方式。

（4）声画分立：即声画分离，音乐并不直接为剧情服务，而是起到扩大空间、延续时间的作用。它并不渲染影片的细节，而是用相当独立的姿态以自身的音乐力量来解释或发掘影片的内涵。观众可以在音乐与画面分离的情况下，自己领悟影片的主旨，得到丰富的联想与感受。

7.2　分镜头编写

7.2.1　分镜头的重要性

分镜头就是指把文字脚本内容或生活场景，按蒙太奇思维的方式，分切成一系列可以单独拍摄的镜头画面。通常在影视作品或专题片拍摄前，编导要写出文字分镜头脚本，摄像师要写出拍摄分镜头脚本。即使没有写出一个完整而详细的工作脚本，也应有一个工作提纲，将作品主要对象、内容梗概、画面设想和拍摄要求等进行安排和设计。

文字脚本用文字方式来向人们讲故事，而分镜头设计实际上是编导和摄像师在对文字脚本理解和构思的基础上，对未来视频影像作品中准备塑造的声画结合的叙事内容，通过分镜头的方式诉诸图像与文字，最终形成分镜头脚本。分镜头脚本同时是对视频影像作品总体设计和施工的蓝图。这不单是要对全片所有镜头的变化与连接关系进行设计，还要对每一个镜头的画面、声音、时间等所有的构成要素做出准确的设定。

可以这样说，有没有分镜头脚本，会不会写分镜头脚本，分镜头脚本写得好或差，体现了编导的专业水平和能力。有一个好的分镜头脚本，可使视频影像作品成功一半。

7.2.2　分镜头的准备

在实际工作中，分镜头设计是一个非常复杂的过程，涉及诸多方面。简要来说，涉及原始文字素材、影像素材和外景素材等资料。其中文字素材包括文学原作、文学剧本、新闻报道、人物访谈等，影像素材包括有关的影视作品画面、照片画面、设计人物草图、设计情节草图、设计场面草图、现场照片等，外景素材包括多张现场实景照片、村庄和房屋资料、设计现场效果草图、真实的道具资料等。

在拥有上述素材之后，首先应认真阅读和反复观看，对准备拍摄的对象和相关故事有一个深刻的了解和印象，并提炼形成自己的主要观点、拍摄风格和表现重点；其次是参考有关材料，借鉴优秀作品的成功方法，进行一定的场面设计和拍摄构思；最后是将已经构思好的观点、想法转化为形象的画面，分解为一个个镜头，写作（绘制）完成分镜头脚本。

在分镜头脚本中，要明确影片类型、人物故事、发生环境、剧情结构等，安排好主体内容、人物关系和画面效果。尤其是怎样开场、怎样发展、矛盾冲突在哪儿、高潮点在哪儿等，需要交代清楚。要仔细审看完成的分镜头脚本，凡是可有可无的部分都应去掉，在结构上做"减法"，尽量做到没有"废笔"。只有精练的东西才能带给观众更深刻的触动和印象。

7.2.3　分镜头格式

分镜头编写格式表如表7-1所示。

表7-1　分镜头编写格式表

分镜头脚本　　　　　　　　　　　剧名：　　　　　　　　　　　　　　第　　页

镜号	景别	摄法	长度	画面内容	解说词	音乐	效果	备注
1	全景	俯拍	5秒	高大的厂房	这是一座不平凡的建筑	渐起音乐	汽笛声声	用当年的资料
2								

分镜头编写格式表中各栏名目解释如下。

镜号：镜头的顺序号。

景别：远景、全景、中景、近景、特写等镜头类别。

摄法：镜头拍摄的方式，主要指运动方式或角度。镜头拍摄的运动方式有推、拉、摇、移、跟、俯、仰、升、降等多种。

长度：表示该镜头的时间长短，一般以秒为单位。镜头的长度跟影片整体风格、节奏和镜头本身的特点有关。

画面内容：用文字阐述所拍摄的具体画面，有时包括镜头的运动技巧与组合技巧等。

解说词：与画面相对应的解说内容，用于说明画面、补充画面等。

音乐：为画面内容所选配的乐曲，其作用是调节节奏、烘托主题、渲染气氛、激发联想、提示段落。

效果：与环境气氛适配的自然音响、人为音响及电子音响效果，如风雨声、动物叫声、枪炮声、脚步声等。

备注：其他需要说明或提示的内容。

7.2.4 分镜头的基本要点

1.镜头主题

当把生活场景或解说词内容分切成一个个镜头时，就要思考如何把它们组合起来，完整表达一种传播意图。一个镜头有一个镜头的要义，一组镜头有一组镜头的中心。每一个镜头的简洁描写都要使人似乎看到一个个活生生的视觉形象，感知一个个完整、明确的意图。

2.镜头类型

为了表达中心思想，可将镜头设计为支点镜头、交代镜头和过渡镜头。支点镜头对主题起点题、释义的作用。围绕着支点镜头起修饰性、说明性作用的就是交代镜头，它被用来交代过程、背景和关系。穿插在支点镜头和交代镜头之间的镜头称为过渡镜头，用来实现情节、场面和内容节奏的过渡。

3.镜头数量

利用几个镜头可以把问题说清楚，这关系到镜头的数量。镜头数量的确定应遵循既简洁又丰富的原则，简洁体现在镜头个数的节省上，而丰富则体现在镜头表达主题的多样性上。

4.镜头长度

决定一个镜头用多长时间，需要考虑两个方面的问题：一是内容要达到使观众能充分感知和基本理解的程度，二是要与解说词的容量基本相符。

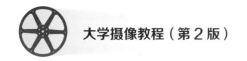

7.2.5　文字分镜头脚本实例

文字分镜头是采用文字来阐述故事的分镜方式，文字分镜头脚本是将视频影像作品的文学内容分切成一系列可以拍摄、录制的镜头的一种脚本。文字分镜头脚本中包括镜号、镜头长度、画面内容、人物对白、音响效果、特效处理、情节转换等，为编、导、摄人员把握整个视频影像作品的拍摄进度和艺术效果提供帮助。

1. 实例介绍

微电影《那盏守望的灯》是由高校学生黄灵盈导演的佳作，下面以它为例来讲解怎样分解和制作文字分镜头脚本，怎样完成故事剧情、剧本与文字分镜头脚本间的转换，从而形成分镜头拍摄计划。

《那盏守望的灯》故事梗概：在一个偏远的小山村里，一个淳朴的农民家庭出现了一个大学生，家庭并不富裕，母亲为了供儿子上大学，拿出了全家的积蓄，妹妹也因此辍学在家干活；儿子上了大学后，却辜负了家里对他的期望，学会了抽烟等，逐渐堕落，荒废学业，忘记了乡下辛苦劳作的母亲，很少和家里的亲人联系，母亲对远在外地读书的儿子更加挂念和担忧。

2. 创作文字分镜头脚本

接下来，对《那盏守望的灯》的故事进行梳理，填充细节部分，分场次分解成剧本。

本部微电影的后期剪辑采用了对比蒙太奇的方式，母亲、妹妹的辛勤劳作和殷切期望与儿子上大学后的堕落和冷漠形成鲜明的对比。所以在最终呈现出来的作品中，画面跳跃性比较强。要先梳理清楚故事的脉络，划分好场次。为了充分表现这个计划时长为5分钟的微电影，将故事场景分为13个场次，进行文字分镜头脚本创作，丰富故事的叙事性和情感性。

《那盏守望的灯》文字分镜头脚本如下。

1. 小村庄土楼/房间内（室内，小雨）

（儿子上大学已经半年多了，母亲和妹妹每天辛勤地劳作，但儿子却从来没往家里寄过一封信。母亲天天挂念着自己在外读书的儿子，积劳成疾而卧病在床。）

窗外的雨，淅淅沥沥。

母亲在重重的咳嗽声中，艰难爬起，步履蹒跚地走出房间，撞见了刚好走过来的女儿。

女儿关心道："妈妈你要去哪里？"

母亲念叨："我去看看有没有你哥哥的来信。"

2. 小村庄土楼 / 房间外（室外，黄昏）

天已渐黄昏，女儿不忍看母亲伤心，偷偷地躲在门外以哥哥的名义写信。

3. 小村庄土楼 / 房间内（室内，晴）

（突然有一天，母亲意外地收到了儿子的来信……）

天色渐晚，小鸭在溪水中游动，村民划舟归家。

女儿拿着一封信，急匆匆地上楼寻找母亲。

女儿大声地呼唤母亲："妈，哥来信了！"

一上楼，女儿就看到母亲已经迫不及待地等在了楼梯的拐角。

母亲迫切道："真的吗？你念给我听。"

女儿撕开信封说："真的，我念给你听。亲爱的妈妈，你还好吗？身体怎么样？家里一切还好吗？妈，抱歉！我没给家里来信，让你和小妹担心了。不是我不爱你，是我没时间。对不起，妈妈。你不用担心我，我一切都很好，就是刚上大学有点……"

女儿念信给母亲听，母亲很认真地听着。

4. 小村庄 / 田野（室外，晴）

（在一个交通与通信都很不方便的小村庄里，有这么一位母亲……）

清晨的阳光透过竹林的叶子，洒落下来。

母亲每天在田野里辛勤劳作，累得满头大汗。

母亲时不时疲惫地擦拭汗珠。

而此时，女儿也在田的另一头照看瓜果。

竹林间，落日余晖，光影斑驳。

母亲一下地就是一整天，她抡起锄头，艰难地走着。

5. 小村庄 / 溪边（晴）

绿草茵茵，成群的小鸭慵懒地下水，在溪流中嬉戏，惬意地抖动着翅膀。

溪边有 3 个妇女在洗衣服。

母亲也在卖力用手揉一大家子的衣服，再用木棍反复捶打，水中的倒影婆娑。

母亲洗完衣服起身站起，缓缓攀着石阶回家。

6. 小村庄 / 院内（晴）

哥哥在楼下喊妹妹："妹妹，上学了！"

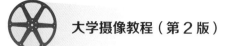

妹妹在走廊外探头叫道："好，我下来了。"

妹妹急匆匆走下楼梯，绕过家门，看见洗完衣服的母亲正在晾衣服。

兄妹肩并肩，向母亲道别："妈妈，我们去上学了。"

母亲应道："好，路上小心。"

哥哥便拉着妹妹上学去。

7. 小村庄 / 市集（晴）

母亲辛苦地挑着一担子的菜到市集上去，

市集里的讨价还价声不绝于耳。

"好吧，就多给你两把。今年空心菜收成不好。"

母亲赚钱也不容易。

8. 小村庄土楼 / 院内（室内，晴）

（一天中午，母亲收到儿子的大学录取通知书。）

母亲在厨房里炒菜，油锅翻滚。

突然，邮递员的声音传入厨房："阿简嫂！"

母亲应道："哎！"

邮递员说："你家的信。"

母亲俯下身来，关掉煤气走了出来。

邮递员拿着一沓信说："阿简嫂，你儿子考上大学了，我刚才稍微看了一下，是××大学，我们村里你儿子是第一个考上大学的。"

母亲欣喜地接过信并问："真的吗？"

邮递员热心地指着信说："真的，你看一下。恭喜你！我先走了。"

母亲说："好，你慢走。"

9. 小村庄土楼 / 厅内（室内，傍晚）

太阳落山了，（全景）一家人挤在一间小房子里，坐在一起吃饭。

（中景）母亲夹菜给儿子道："阿贵，多吃些，明天要读大学了。"

儿子冷冷道："嗯。"

女儿很焦虑地看着母亲。

10. 小村庄土楼 / 房间内（室内，夜晚）

儿子在房间里翻着书，母亲掀开帘子，端着热腾腾的水，走了进来，探头看儿子写的作业。

儿子丝毫没有理会身旁关心他的母亲。

母亲黯然转身离开房间，回到自己的房间，坐在桌前，翻翻自己的钱包，抽出了一打零钱，再翻，又是一打。

母亲拉开破旧的抽屉，继续翻找，在一堆杂物里，翻出了一个塑料绿盒子，里面是一对耳饰和一个戒指，母亲拿着戒指，掂量起来，陷入了思索。

女儿在门口看着母亲为钱着急的样子，轻轻地走了进来，懂事地搭着母亲的肩膀。

女儿说："妈，我不想读书了。"

母亲问："为什么不想读书？"

女儿拍拍自己的胸口，把眼泪往心里咽，说："我不想读就是不想读了。"

11. 小村庄 / 村道上（室外，晴）

母亲满怀对儿子的厚望，送儿子上大学，叮咛万分，还不忘抖抖儿子身上的尘土。

母亲含泪跟儿子挥手道别。

12. 大学校园 / 教室内（室内，夜晚）

天色渐晚，儿子在教室里和女同学借自习为由，并排地坐在一起。

两人有说有笑，依偎在一起，打闹成一团。

13. 大学校园 / 教室内（室内，夜晚）

儿子在宿舍里，在舍友的教唆下，学会了抽烟。

7.2.6　以镜头为单位设计分镜头

在文字分镜头脚本的基础上，进一步思考和设计分镜头。

1. 设计分镜头

设计分镜头就是具体描述动作的场面调度、景别与镜头的选择，以及摄像机的位置等。可以从影像和叙事两个方面，不断提问（见表 7-2），逐个回答。

表 7-2　提问示例

影像方面	叙事方面
摄像机摆在哪里？	表达了谁的视点？
镜头的景别是什么？	与拍摄的对象的距离是怎样的？
拍摄的角度是怎样的？	与拍摄对象的关系是怎样的？
要中断拍摄或移动摄像机吗？	要比较视点吗？

2. 实例讲解

现在以《那盏守望的灯》文字分镜头脚本中的场景 10 为例进行设计分镜头讲解。

场景 10   小村庄土楼 / 房间内（室内，夜晚）

镜头 1：（中景、摇镜头）敞开的房间门，儿子在房间里翻着书。

镜头 2：（中景）母亲掀开帘子，端着热腾腾的水，走了进来。

镜头 3：（近景，左侧方）母亲探头看儿子写的作业，儿子丝毫没有理会身旁关心他的母亲。母亲黯然转身离开房间。

镜头 4：（特写）母亲回到自己的房间，坐在桌前，翻翻自己的钱包，抽出了一打零钱，再翻，又是一打。

镜头 5：（近景，左侧方）母亲拉开破旧的抽屉，继续翻找。

镜头 6：（特写）母亲在一堆杂物里，翻出了一个塑料绿盒子，里面是一对耳饰和一个戒指

镜头 7：（近景）母亲拿着戒指，掂量起来，陷入了思索。

镜头 8：（中景，左侧方）女儿在门口看着母亲为钱着急的样子，轻轻地走了进来，懂事地搭着母亲的肩膀。女儿说："妈，我不想读书了。"母亲问："为什么不想读书？"

镜头 9：（中景）女儿拍拍自己的胸口，把眼泪往心里咽，说："我不想读就是不想读了。"

3. 分镜表实例

分镜表，又称分镜头剧本，它将影片的文学内容分切成一系列可以录制的镜头，构成现场拍摄时易于使用的工作剧本。

分镜表包括镜号、景别、拍摄手法、长度、画面内容、对白、音响、音乐等元素。这里仍以《那盏守望的灯》文字分镜头脚本中的场景 10 为例编制分镜表，如表 7-3 所示。

表 7-3   分镜表实例

镜号	景别	拍摄手法	长度 / 秒	画面内容	对白	音响	音乐
1	中景	摇镜头	3	敞开的房间门，儿子在房间里翻着书		翻书声	以悲情钢琴曲片段为背景音乐，一镜到底
2	中景		4	母亲掀开帘子，端着热腾腾的水，走了进来		脚步声；杯子轻放的声音	

镜号	景别	拍摄手法	长度/秒	画面内容	对白	音响	音乐
3	近景（左侧方）		10	母亲探头看儿子写的作业，儿子丝毫没有理会身旁关心他的母亲。母亲黯然转身离开房间		脚步声	
4	特写		10	母亲回到自己的房间，坐在桌前，翻翻自己的钱包，抽出了一打零钱，再翻，又是一打		翻找声	
5	近景（左侧方）		2	母亲拉开破旧的抽屉，继续翻找		翻找声	
6	特写		10	母亲在一堆杂物里，翻出了一个塑料绿盒子，里面是一对耳饰和一个戒指		开盒声，掺杂轻轻的撞击声	
7	近景		5	母亲拿着戒指，掂量起来，陷入了思索			
8	中景（左侧方）		7	女儿在门口看着母亲为钱着急的样子，轻轻地走了进来，懂事地搭着母亲的肩膀	女儿："妈，我不想读书了。"母亲："为什么不想读书？"	脚步声	
9	中景		3	女儿拍拍自己的胸口，把眼泪往心里咽	"我不想读就是不想读了。"		
				淡出转场			

4. 分镜头片段——拍摄实例

这里仍以《那盏守望的灯》场景 10 为例，展示分镜头片段的拍摄情况（见表 7-4）。

表 7-4　拍摄实例

镜号	画面截图
1	

镜号	画面截图
1	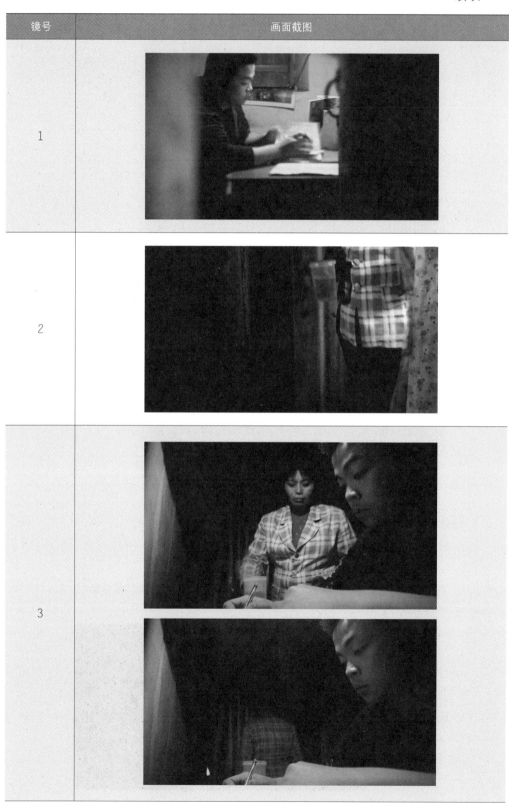
2	
3	

镜号	画面截图
4	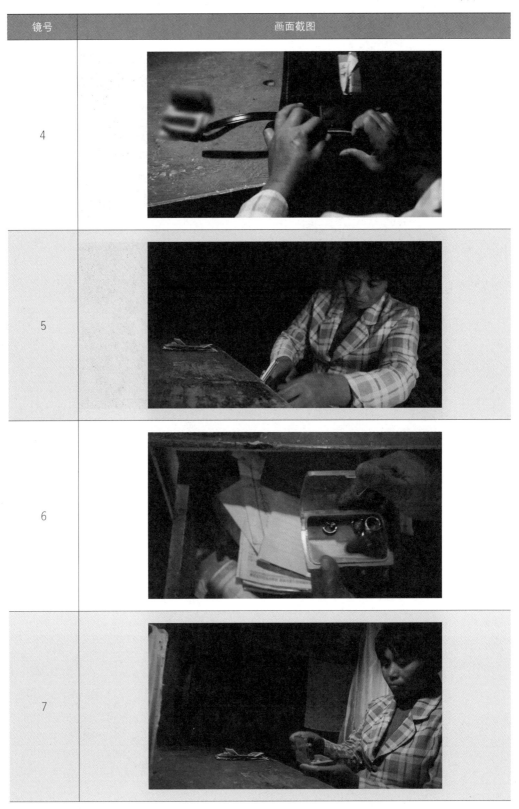
5	
6	
7	

续表

镜号	画面截图
8	
9	

淡出转场

思考和训练题

（1）编导的主要任务是什么？

（2）蒙太奇有哪些分类？各有什么特点？

（3）练习设计与编写分镜头。

（4）简述分镜头的基本要点。

第8章

摄像专题实战

摄像在新闻记录、生活记录艺术创作和商务服务等方面得到了广泛的应用（见图 8-1）。在不同专题的拍摄中，有不同的注意事项，本章将通过相关示例在进行讲解。

图 8-1　摄像的应用（劳晨摄）

8.1　商业类专题

商业类专题是指能够获取报酬的视频影像拍摄题材，包括会议活动记录、企业宣传、产品展示、庆典拍摄等。由于是商业性质的，因此首先要记住，视频影像一定要按照客户的要求来拍摄，而不能像创作自己的作品那样随心所欲，否则客户是不会认可买单的，从而导致白忙活一场。

8.1.1　企业宣传拍摄

企业宣传拍摄主要以宣传、介绍某个单位或企业及其产品为目的。企业宣传片（见图 8-2）就像企业的一张名片，是用于宣传企业形象、品牌、产品、活动等十分常见视频影像，能让人在轻松的环境之中，形象而真实地了解企业的精神、文化、工作业绩和发展状况等。

这类宣传片大多涉及面广，内容包括企业的环境、生产设施、各种会议和庆典活动、产品生产过程、产品实物、教育培训等，从外到内，从大到小，从人到物，面面俱到。一般来说，企业对于企业宣传片都会要求有一个明确主题（重点），如优质产品、现代化生产线、优美景观等。拍摄和表现的中心应该按既定主题来设计，其他方面的内容只需要略微提及。

在企业宣传片的整体构思和画面设计上，应把握下面几个要点。

1. 全面熟悉情况，找寻企业特色

没有特色的企业宣传片不会是好的宣传片。要做到企业宣传片有特色，就要努力挖掘企业有别于同类企业的特点。找到在同行业中具有鲜明个性的企业特色加以凸显、弘扬，是企业宣传片制作的重要着眼点。

2. 信息量要大，气势要足

让观众对企业现状、企业文化、产品特性等有全面、清晰的了解，有助于树立良好的企业形象或形成品牌亲和力。要用真实、丰富的信息冲击观众，堆砌一套大话、空话是不能打动观众的。许多知名企业的企业宣传片都具备这个特点。

图 8-2　美丽温职（晨馨摄）

3. 突出新闻性，避免广告味太浓

企业宣传片的创意，要以纪实风格为主，突出新闻性，避免广告味太浓、功利性

太强，以免影响传播效果。企业宣传片除了需要有本企业领导或员工等上镜，还要尽量让企业外的权威人士、客户代表等上镜，这样显得更客观、真实、有说服力。

4. 大场面、大气势，忌死气沉沉

生动自然、真切感人，是企业宣传片成功的关键。大场面拍摄可以增加气势，使画面显得生动，增加企业的可信度。在拍摄中，要避免死气沉沉、毫无生气，必要的煽情可以使企业宣传片激情绽放、魅力四射，博得客户的称赞。

5. 解说词、画面并重

企业宣传片的解说词与镜头画面同等重要，不可偏废。企业宣传片应当解说词先行，这样可以更从容、有章法地拍好镜头，不致丢落内容。如时间紧迫，解说词一时难以定稿，也必须有尽量详细的提纲以便于拍摄。企业宣传片的解说词要文采飞扬、铿锵有力，与画面形成配合（见表8-1）。

表8-1　企业宣传片解说词与画面的配合示例

画面	画面描述	解说词
	（特写）生产流程，一组镜头展示工人繁忙工作的过程，我校学生周晓敏等在公司认真工作的场景，体现我院毕业生工作严谨的良好态度	学院从改变校园形态入手，积极引进27家知名企业的生产车间和研发机构入驻校园，共建了一批体现"三个合一"的校内生产性实训基地，建有国家示范性数控实训基地、温州市模具技术重点实验室、浙江省木业科技创新服务平台家具平台、浙江省示范性制鞋工艺实训基地、温州市服装行业科技创新服务平台等。学生经过校内"学做合一""生产性实训""参与技术开发服务"3个阶段的学习后，即可进入学院与企业共同建立的721家校外顶岗实习基地进行预就业顶岗实习，从而顺利实现"零距离"就业
	（全景）学院的实践生产基地，体现"三个合一"的特点	机械系引进温州市知名企业共建的精密模具试制车间，让学生在实训中得到锻炼。轻工系与企业签订协议共建轻工实训基地，让学生在专业技术导师指导下完成学习。家具设计专业与华润制造集团，共同成立华润涂料化工职业技能鉴定实训基地及培训考核点，共建涂饰车间，让学生以毕业设计形式参与产品研发

画面	画面描述	解说词
	（特写）校企合作、工学结合	学院的"校企合作、工学结合"人才培养模式
	（特写）机械系学生现场展示操作技能	被《光明日报》誉为"高职教育的温州模式"
	（中景淡入）宏丰订单班，院长为订单班致辞	2011 年 6 月，学院与温州宏丰电工合金股份有限公司组建了 60 人的工科类虚拟订单班
	（摇镜头）从上至下，出现宏丰公司生产厂房	温州宏丰电工合金股份有限公司是一家专业从事高性能和高精度电工和电子合金产品研发、生产、销售于一体的高新技术企业
	（摇镜头、中景）全方位展示公司的生产场景	学院电子电气系 08 级学生周晓敏、沈洁、吴新等十几名学生，在公司顶岗实习几个月后顺利就业

6. 推敲镜头内容和数量，设计拍摄效果

拍摄企业宣传片先应准备好具体的拍摄提纲，设计好重点选用的镜头画面及采用的摄像技巧。画面要讲究用光、构图，以保证画面的质量和表现效果。由于有些内容会采用比喻、象征等手法来介绍，因此与此相应的画面不用实拍，可以收集和利用企业自身的高质量资料来填充。

7. 配音要专业，音乐要出彩

请一两位专业的播音员、主持人来讲解说词，无疑是一个提高企业宣传片质量的好方法，这一点千万不可轻视。专业配音就像请名人当广告代言人一样，对企业形象的提升是显而易见的，可以说事半功倍。

8. 音乐要与主题、节奏吻合

企业宣传片中的音乐在烘托、渲染气氛方面处于次要地位，不需要太有个性的音乐元素。如无特别需要，应尽量避免使用流行歌曲。一般而言，企业宣传片中的音乐是不直接向观众传递信息的。音量控制也要适当，背景音乐的音量不能超过解说音量。解说音量与音乐音量之比为 3:1 或 4:1 较为适合。

总之，拍摄时要多站在企业和观众双方的角度上来思考、设计，综合运用多种艺术技巧和表现手段，这样才有可能创作出好的企业宣传片。

8.1.2　婚礼、庆典和聚会拍摄

在商业类摄像服务中，婚礼、庆典和亲朋聚会（节日、生日、搬迁等的聚会）等的拍摄都是很重要的服务项目（见图 8-3）。目前这类需求非常火爆，有许多以此为业的礼仪公司、广告公司和影视公司生意兴旺。拍摄这类视频影像时，一定要了解并掌握专业的知识和技巧，否则有可能会失败，因为大多数情况下，婚礼、庆典和聚会的拍摄不能事先排练，也不能事后补拍。

图 8-3　生日出游拍摄（佟忠生摄）

1. 抓住精彩细节和人物特点

拍摄重大聚会时，有些镜头是必须有的，如生日聚会上送祝福、唱歌、点吹蜡烛（见图 8-4）、许愿、开怀大笑等。要注意抓拍特点鲜明的人物细节，如夸张的表情动作、特殊的吃相等，以及生动、有趣的互动场景。在拍摄重点来宾的同时，要尽量兼顾每位来宾。不要长时间拍摄一个场景，要尽量做到让每位来宾都能出

图 8-4　生日聚会点蜡烛（佟忠生摄）

镜；也不能看到什么拍什么，镜头一直在不同的人之间晃来晃去，回放的时候会让观众感到兴致索然。

2. 全神贯注、巧妙构思

大型的庆典、聚会人物众多，热闹喧杂，需要拍摄者全神贯注，才能抓住重点人物拍摄，避免丢失画面。例如，在婚礼中，新人进彩门和敬酒（见图 8-5、图 8-6）等关键时刻一旦错过，就会使客户抱憾终生。为了使画面显得新颖生动、活泼热烈，巧妙构思是很重要的。例如，通过设计情节过程，选择合适角度，综合运用镜头以及对精彩细节的详细刻画等手段，烘托喜庆、热闹的场面，记录美好、难忘的婚礼全过程。

图 8-5　新人进彩门（佟忠生摄）　　　　图 8-6　敬酒（佟忠生摄）

3. 多用运动镜头，突出主体对象

运动镜头可以完整记录人物的动作过程，使画面具有强烈的现场真实感。例如，拍摄婚礼多用跟摄法：前跟拍摄（倒退拍摄）新人进门，后跟拍摄（背后跟拍）新人入洞房，侧跟拍摄（侧面跟拍）新人交换信物。跟摄中，画框要始终"套"住运动中的新人，画面连贯且主体突出。

再如，拍摄婚庆花车，采用"弧形移动"拍摄出来的镜头极富现场感，效果自然、生动。"弧形移动"拍摄是指摄像师手握摄像机，对着花车，然后围绕花车以圆形或弧形方式移动，而不是直线移动。在拍摄时要注意步伐，两腿微曲、双脚交替绕行，在身体轻缓移动的过程中完成整个拍摄，这样可以避免走路时带来的震动而产生滑行的效果。要注意移动弧度不宜过大或过小，且在整个片段中，花车主体都应该保持在画面中央。

4. 上下左右摇摄，表现环境

拍摄内、外景时，摇摄是绝对不能缺少的，它可以用来交代全景，把周围的景观尽收于镜头之中。摇摄一般有上下摇摄和左右摇摄两种，在拍摄外景时，可以采用横向的左右摇摄，将广大的现场空间和众多的人物都记录下来；在拍摄内景时，可以采用纵向的上下摇摄。例如，拍摄新房内景时，可运用上下摇摄，镜头从屋顶辉煌的彩灯处向下移动到悬挂的大红喜字处，再移动到喜字下面的新人处，连人带景尽收镜头之中。

5. 构图多用中心法和三分法

在拍摄庆典、聚会等人物活动场面时，常用中心法构图表现主体人物。即将重点对象放在画面的中心处，不论是固定还是运动的，都尽量保持该重点对象在中心位置。另外，也可选择三分法构图，即将主体人物放在画面的约 1/3 分割线处（见图 8-7）。例如，拍摄新郎、新娘时，多用三分法构图，让新郎、新娘位于画面的约 1/3 分割线处——而不是在正中央。这样的画面比较符合人的视觉审美习惯，比将主体人物放在正中央的画面显得更和谐、自然。需要注意的是，无论是中心法构图还是三分法构图，所拍人物的头顶都不要留太多的空间，否则会显得构图不平衡且缺乏美感。

图 8-7　三分构图法示例（陈勤摄）

6. 片头和片尾精美、喜庆

庆典、聚会等题材的视频影像摄制完成后，应精心制作精美又充满喜庆气息的片头和片尾，进一步渲染气氛，且又可提高片子的档次。聚会题材的视频影像在全片色调上应统一设计，要吻合主题内容和情感氛围。例如，婚礼题材的视频影像可以暖色调为主，让人感到温馨、喜庆；同学聚会题材的视频影像可以绿色调为主，让人感到清新、自然。在声音效果和背景音乐的安排上，要注意一些特别的元素。例如，企业庆典题材的视频影像中可加入厂歌合唱声音和现场掌声等，同学聚会题材的视频影像中可以加入曾经流行的老歌、校歌和童谣等，婚礼题材的视频影像中可加入新郎、新娘各自的声音等。

总之，庆典、聚会等题材的视频影像的拍摄中，只要做到"抓住重点不缺精彩，宁多勿少不缺画面，喜气洋洋不缺气氛"，就可以制作出一部好的喜庆的视频影像了。

8.2　新闻类专题

新闻类专题摄像主要是指报道新闻的视频影像拍摄活动，它强调新闻的真实、及时和瞬间等特性，并利用视频影像的纪实性特点对所见的事物进行客观、实事求是的记录。所以首先要明白一点，就是新闻类视频影像的优劣，主要不是从其构图是否完美、技术手法是否得当等角度加以评价，而是从其传递的新闻信息量的多少和传播效果等角度进行考量。

8.2.1　新闻拍摄

新闻视频影像以报道及时、声画并茂的优点为人们喜闻乐见（见图8-8）。现代摄像器材的体积越来越小，重量越来越轻，操作越来越简易，有着传统大型摄像机无法相比的优势，因此在各地的突发事件报道上，手机摄像和照相机摄像已经开始大显身手。但是器材的简易、轻便并不能弥补在新闻常识和拍摄技术技巧上的不足。对于新闻视频影像的拍摄，摄像师要能吃苦、能运动、能应变，并掌握相关拍摄技术技巧，不懂行是干不好的。

1. 新闻价值第一位

新闻价值体现在真实性、重要性、时效性、现场性等方面。一条新闻，采用视频影像来报道和采用照片来报道，虽然信息量不同，完整度不同，但在新闻价值的要求上完全一样。具体来说，新闻的"4W（When、Where、Who、What）+1H（How）"，即"何时、何地、何人、何事、怎样"在新闻视频影像中必须保证是齐全的。

图 8-8　新闻视频影像《乡村老戏台》

2. 画面具有不完整性

所谓画面的不完整性，是指新闻视频影像的画面并不一定是从头到尾全程记录的，大多呈不连贯状态（见图8-9）。所以一般的视频新闻大多不具备叙述事件的经过和变化的作用，只要能够将该新闻事件的要点叙述清楚即可，而且以精练的叙述为佳。新闻视频影像的画面用不着受情节性镜头组合规律的约束，也不必构建画面与画面的承继关系，这一点与其他类型（如文艺类）专题片有着显著的不同。

图8-9　画面不完整性在新闻视频《送龙舟》中的体现（石昌武摄）

3. 新、快、活

新闻视频影像从画面到声音，从开始到结束，从人物到环境，将立体、海量的视频影像信息完美结合，以客观、具体的动态画面内容"证实"新闻事件中的人物、时间、地域等要素，以满足受众"百闻不如一见"的需求，使人们清晰地了解事件的发展变化和现场的具体信息。新闻视频影像具有广播、文字和图片形式的新闻没有的独特优势，是报道新发生或发现的事实时的最佳选择。拍摄新闻视频影像时切记不要漏掉人物活动的关键镜头，这样的重要镜头是最有说服力的。

4. 解说词是主导

新闻视频影像中的解说词作用极大。大多数的新闻视频影像只靠解说词也可以让人了解整个新闻的内容，这是新闻视频影像以解说词为主要要素的直接证明。这也就对新闻视频影像的拍摄提出了更高的要求，在现场拍摄时要捕捉那些典型的形象元素，以弥补解说词叙事所表达不了的内容。

5. 主要技巧是全景和中近景的运用

在新闻视频影像的拍摄中，取景、构图方面的主要技巧在于全景和中近景的运用。全景和中近景在新闻信息量的表达方面，作用大于特写。要多用显示客观观察视角的固定镜头，而避免过于频繁地推拉镜头，因为推拉镜头带有主观色彩。

6. 声画组合多样化

从全面和真实的效果上看，新闻视频影像在摄制时采用丰富多样的声画组合是最佳方式。其中现场声音的采集和设计很重要，记者旁白、现场原声、播音等如果能与画面有机结合，就可以达到最佳的传播效果。不过，这些都是需要提前进行初步设计的，这样才能在瞬息万变的现场中不至于遗漏。

7. 自动化功能很必要

在拍摄器材的选择和使用上，拍摄新闻视频影像较合适的当属自动化程度高的摄像机。自动化摄像机的应用可以减轻拍摄者的负担（见图 8-10），让摄像师将更多的时间和精力用在跟踪、抓取新闻人物的精彩动作及构图上。例如，自动调焦就是拍摄运动动作多变的体育新闻视频影像及其他抓拍新闻视频影像时的必要功能之一；自动白平衡功能也可以帮助摄像师在气氛紧张、多变的现场中获得不错的画面色彩。

图 8-10　自动化摄像机的应用

8.2.2　会议拍摄

召开会议是常见的工作形式，拍摄会议视频影像也是常见的需求，摄像师通常都少不了拍摄会议视频影像的任务。许多人觉得拍摄会议视频影像是简单、轻松的活儿，但实际上并非如此，要想将会议视频影像拍摄好，需要有一定的技巧和经验。会议拍摄时要特别注重资料记录完整、内容尽可能面面俱到等。会议拍摄的基本工作流程如下。

1. 会前准备

首先要了解会议主题、会议内容，实地考察会场大小、灯光、主宾位置、拍摄机位等，最好先和有关组织者交流，在拍摄前搞清楚所要拍摄的主题，弄清楚会议的主次关系，以便对要拍摄的内容做到心中有数。这样，到了真正拍摄时，才能够做到抓大放小、主次适当。应提前准备好摄像器材和附属配件，并确保工作中相关器材的电池电能充足。

2. 开机试拍

应提前到达会场，然后马上开机调试。首先，校准摄像机工作时间，以便后期制作需要强调时间时加上解说；其次，根据现场光源调整白平衡，以保证拍摄的画面色彩真实、不偏色；调试完成后，试拍10秒画面并回放检查。确认后，随时开拍。这是一个看起来很小的环节，但实践证明，许多重大失误的出现就是因为缺少这一环节。

3. 背景资料拍摄

在会议开始之前，其实有很多的背景资料可以拍摄，例如会场内外的布置、会议横幅、重要来宾签到的画面、主宾握手和交谈的画面等，如果能够较多地记录下这些画面，后续可以用来间接说明会议内容并烘托气氛。有时候，拍摄背景资料时，还能"抓"到一些生动、活泼的人物交流场景，因为在会议正式开始前，大家处于自由、轻松的状态，流露出的神情也是非常自然的。如果有重要来宾会在会议开始前提前到场，那么就要把重要来宾签到的画面、到贵宾室休息的画面、与主宾之间握手和交谈的画面等都记录下来。

4. 会议开始拍摄

会议开始时，先拍摄会场的总体布置（包括主席台全景和会场全景），接下来拍摄主持人宣布会议开始、全体参会人员鼓掌的画面。在拍摄时画面变换要慢，以突出会场严肃的气氛。会议开始时是拍摄全景画面最好的时机，包括人物进场过程中的会场全景和主席台全景（活动场面），以及人物全部就坐后的会场全景和主席台全景（静止场面）。

5. 会议经过拍摄

会议开始后的会议经过拍摄工作十分重要。会议的重点是"主角"和重要议程，如重要讲话和仪式等（见图8-11）。拍摄发言人时最好采用正面方向拍摄，以清楚展现其正面形象，这点需要格外注意。在取景、构图上，人物应安放在画面中心，对于重要发言人可拍摄半身和特写画面，强调其眼神、表情和姿态，以增加其发言的说

图8-11　会议授牌仪式拍摄画面

服力和吸引力。听众听讲的画面也是必不可少的，如果只有发言人的画面，会让会议视频影像显得很空洞。那些不同身份的听众专注的神情、热烈交流和做笔记的画面尤为重要，具有以小见大的作用。

6. 会议结束拍摄

会议结束时，要对全景的拍摄转换有一定的层次安排。应该先将镜头对着主席台拍摄主席台人物，然后把镜头转向起立鼓掌的听众，最后在出口处拍摄与会者出场的画面，以"渐变黑幕"的画面变换方式结束本次会议拍摄。有些会议在结束后会有主要领导接见会议来宾的活动，这种情况下应在拍完最后一个发言人后马上到达接见活动现场，提前做好拍摄的准备工作。

7. 声音采集

在会议的拍摄过程中，始终都要注意声音的采集。没有声音的视频影像素材可能会丢失一些精彩细节，导致信息不完整。如果是重要的会议，最好提前在会议现场安装专门的录音设备，录下整个会议过程中的声音素材，以备后期编辑时使用或者留存。

总之，会议拍摄中，信息的真实性和完整性是最重要的。虽然会议视频影像和新闻视频影像在拍摄要求上大体相似——不追求艺术花样和炫目特技，但在后期制作中，会议视频影像可以适当添加特技效果，以增强某些画面的视觉冲击力。

8.3　文艺类专题

文艺类专题的范围其实很大，从文学理论到艺术门类再到娱乐生活，其实都有涵盖。一般来说，文艺类专题视频影像主要是指以文化艺术类题材为对象的视频影像（见

图 8-12　《舞族魅影》（张子广摄）

图 8-12），如艺术家介绍、民歌溯源、广场舞表演等题材。文艺类专题强调文学性和艺术表现力，在选题选材上精选深入，在创意构思上无拘无束，在编辑制作上自由全面，在画面形式上新颖独特。文艺类专题视频影像深受大众欢迎，在各电视台和网络平台上都有重要的栏

目安排，非常值得去学习、探索。文艺类专题视频影像的特点如下。

1. 自由、多样、前卫

文艺类专题视频影像常常会受到人们的青睐，其中一个原因就是它的形态多样、演变万千。因此在拍摄文艺类专题视频影像时，应运用各种视听艺术手段，在整体思路与手法上做到变化多样，并拿出探索的勇气，力求创作出丰富的视觉画面和新颖的形式（见图8-13）。文艺类专题视频影像的生命力就在于它不断变换着形式和内容，给人提供艺术享受。如果没有变化，即使曾经非常新奇，也很快就会令人生厌。

图8-13　《冰上芭蕾》中丰富的视觉画面（黄荣钦摄）

2. 重视蒙太奇

文艺类专题视频影像特别需要也必须重视蒙太奇的运用，可以说这是它与新闻类专题视频影像最大的区别。不管是介绍艺术家个人的视频影像，还是展示大众娱乐的视频影像，从最初的创作到最后的制作各环节，在视频影像的基本结构、叙述方式的表现，以及镜头、场面、段落的安排与组合等方面，蒙太奇都可以贯穿运用。通过蒙太奇的思维方式和组接手段，推动视频影像画面的"运动前行"，可以引领观众从旁观者逐渐成为身临其境的参与者，从而增加了视频影像的真实感和传播深度。

3. 讲究叙事性和情节性

讲究叙事的完整和情节的生动（见图8-14），可以说是文艺类专题视频影像的一大特点。一般来说，文艺类专题视频影像的创作过程就是一个讲故事的过程，可以是人物故事、动物故事、音乐故事、书画故事等。好的文艺类专题视频影像，都是通过画面变化的快慢节奏展开故事内容的，这样可以使观众忘却创作者的存在而被深深吸引到故事之中，随着故事的起伏跌宕而产生喜、怒、哀、乐的情绪。

图8-14　戏到精彩处（石昌武摄）

4. 注重环境刻画

要注意大环境和主角度画面的拍摄。故事发生的场景要交代清楚，用来表现方位的全景或大全景定位镜头作为主角度画面要拍好，这对叙述接下来的故事发生的地点和背景有重要作用（见图 8-15）。环境的刻画是否恰当是评价一部文艺类专题视频影像优劣的重要考虑因素。

图 8-15　《历史的痕迹》中的场景交代画面（曲阜贵摄）

5. 强调特写

注重特写镜头的运用（见图 8-16），是文艺类专题视频影像创作中常用的手段之一。特写镜头作为刻画细节的重要手段，具有强烈的冲击力和点睛作用。人物的言语、动作和情绪变化是构成整部作品的逻辑主线，表现好这条主线的关键常常就是人物的表现。在表现事件的高潮内容时，除了角度和景别的变化，特写镜头可以很好地将人物神情和动作的细微处放大突出，"强迫"人们观看和接受，并使之产生与画中人相同的情感变化。

图 8-16　《民间泥塑》中特写镜头的运用（陈勤摄）

6. 提倡多角度拍摄

对于同一个主体对象，因为拍摄角度不同，主体对象形象也会大有不同。在文艺类专题视频影像的创作中，多角度拍摄是很常见的。在不同的故事情节中，可以设计不同的拍摄角度，以烘托和展现主体对象。例如，从天上俯瞰大地拍摄，可使人物看起来很小并且显得空间广阔；从地面仰望大山拍摄，可使高山看起来高大、雄伟；从大地凝视前方拍摄，可使人物与景物紧密结合。如果采用升降、摇、移等多种手段拍摄同一个主体对象，更能突出其立体感。

总之，文艺类专题视频影像需要表现得比其他题材更自由、更浪漫、更立体，才能更符合主体对象自身的特点，成为更具有"文艺范儿"的专题视频影像。

8.4　微电影

8.4.1　什么是微电影

微电影是一种当前非常火热的新兴视频影像类型。

媒体制作大众化、传播媒介多元化、传播方式碎片化等特点，使得微电影成为新传播时代的新宠，人们纷纷投入微电影的创作之中（见图 8-17）。那么，什么是微电影呢？微电影是指在各种新媒体平台

图 8-17　微电影创作情景

上播放的，适合移动传播的，具有一定的故事情节并经过精心策划和系统制作的数字视频影像短片。

微电影是网络时代数字技术与电影艺术结合的产物，它具有"微时间、微制作、微传播"的特点，正受到人们的持续关注，它必将随着时代的发展而发展。

8.4.2　微电影的产生和发展

电影、电视剧等视频影像作品，一直是人们精神文化和娱乐生活的重要载体。随着数字技术大潮的推动，视频影像作品开始有了新的演变，无论是呈现载体、内容形式，还是传播方式，都开始颠覆传统视频影像作品的面貌，其中最为时尚和新颖的就是微电影。

短短几年，微电影就从一个极其小众的"试验品"变成了大众化的"信息之窗"。它借助了数字技术的强大能量、数字影像的智能应用以及信息时代的爆炸效应，成为新媒体的代表。当今时代，人们总是希望走在时代的前端，总是希望掌握形形色色的信息——不管是在上下班的路上，还是在茶余饭后的闲暇时刻，微电影正契合了这种需求。

微电影的创作，相当于把原有的电影创作系统微型化。它从创作、制作到放映、传播自成一个开放的、交互的系统。其中的参与者是动态变化的，人员并不固定，不依附于某个单位或组织，而是靠兴趣、爱好随时组合在一起的。自由创作的风气和大众化的环境，使得越来越多的人参与、聚合到微电影创作中，创造出一个新的视频影像行业圈。微电影脱胎于传统影视，但又与传统影视明显不同，两者相互影响，相互碰撞。原有的影视创作形式和传播形态都在接受新的挑战，各种视频影像作品的存在方式和生态环境都可能会发生改变。

随着经济的发展，各种新技术井喷式地出现，人们需要且有条件去寻找一些表达自我的新方式。新媒体为微电影的传播、交流提供了极佳的平台，微电影生逢其时，开启了一个"影视平民化"的新时代。有学者指出，微电影作为新媒体技术和艺术的产物，正改变着传媒领域的发展态势。

8.4.3　微电影的特点

与传统影视相比，微电影具有以下几个特点。

1. 短小紧凑

微电影最大的特点就是短小紧凑。

首先是片长短，最短的微电影只有十几秒，一般在 10 分钟以内；也有个别例外，片长为 10 ～ 30 分钟。其次是周期短，微电影制作周期短，花费一周或数周即可完成。再次是节奏非常紧凑（见图 8-18），受短时间内讲完故事需求的限制，微电影的叙事节奏非常紧凑。

图 8-18　微电影《鹭岛》中的紧凑节奏（陈勤摄）

2. 题材多样化

微电影的创作几乎没有限制。

微电影是面向大众的个性化的自我展示，人们可以自由创作、自由参与，没有票房压力，只要不违背道德、违反法律，任何题材、任何表现形式都是可以尝试的（见图 8-19）。它可以反映现实生活，也可以讨论热点话题；它可以讲述爱情故事，也可以叙述成长历程；它可以是现代题材，也可以是古代题材；它可以励志，也可以怀旧……可以看出，微电影在题材的选择上具有多样性。

3. 小投资

微电影的投资一般都很小。

大多数微电影是个人出资的，投资规模都很小（见图 8-20、图 8-21），几万元甚至几千元就

图 8-19　题材多样化的微电影创作（连中凯摄）

可以成功拍摄一部微电影。也有少数企业投资的微电影属于大投资，投资金额为几十万元到上百万元不等。但这些投资与电影、电视剧动辄上千万元、上亿元的投资相比，真的是"小巫见大巫"。

图 8-20　小投资微电影《流动》（张子广摄）

图 8-21　小投资微电影《大海》（林仲延摄）

4. 大众参与，网络互动

微电影是典型的网络艺术作品。

微电影是通过网络渠道传播的，观众可以通过暂停、快进、回看等手段打破"线性"的观看模式，还可以自由地评论和参与创作，甚至可以影响和改变微电影的情节。这使得每个人都有可能成为"艺术家"，艺术与非艺术的界限变得模糊，每个人都可以展示自己的独特创作。

最后，需要强调的是，微电影属于新兴的视频影像，还有很大的发展空间和未知的变化。在数码影像技术突飞猛进、设备购置成本大幅降低的今天，用照相机、手机就可以拍摄制作微电影，因此更多的人在尝试微电影创作，这也正是微电影能够发展壮大的直接驱动力。没有数码影像技术的进步和普及，就不可能有微电影的火爆现状。

但要注意的是，微电影小投资、小规模、低门槛、少限制等特点，也导致很多粗制滥造的作品出现。现在，有许多微电影更多的是制造一种"奇观"，这种"奇观"不是视觉奇观，而是一种噱头，如以"当红明星 / 达人"作为吸引人的噱头，而没有优质的实质内容，时间长了势必会造成观众的审美疲劳。

一部好的微电影，最重要的还是创意和故事，一定要用短小精悍的故事情节打动人心。想要在短时间内高效地吸引观众，并让观众产生继续看下去的兴趣，首先内容上要新鲜、有趣，而且要贴近生活和社会热点话题；其次应适当采用较为诙谐的网络语言和时尚新颖的表现形式；最后应具备深刻的寓意启示。要记住，微电影是以"微"名扬天下的。

思考和训练题

（1）简述拍摄企业宣传片的要点。

（2）为一个企业拍摄、制作一个 10 分钟的企业宣传片，并简述在解说词和镜头上应当突出的是哪些方面。

（3）简述拍摄婚礼、庆典、聚会时的注意事项。

（4）设计拍摄方案（包括器材、拍摄步骤、情节设计等），为同学拍摄生日聚会。

（5）简述拍摄新闻类专题视频影像的要点。

（6）以青年为主题，对一位同学进行采访，拍摄并制作新闻视频影像。

（7）简述拍摄会议视频影像的要点。

（8）简述拍摄文艺类专题视频影像的要点。

（9）简述微电影的特点。

（10）自己创作剧本，与同学们合作拍摄一部微电影。

第9章

后期编辑制作

Final Cut Pro X
后期制作，一切都变了。

前期拍摄素材完毕，并不意味着视频影像创作工作都结束了。这时还需要进入非常重要的阶段——后期编辑制作。导演和剧本在前期的设计安排、所有拍摄的音视频素材、设想添加的特技效果等，都需要通过后期编辑制作，才能融合成一个主题鲜明、内容完整、画面精彩的视频影像作品。

9.1　后期编辑基础

9.1.1　编辑器材

编辑视频影像对计算机硬件的要求很高，无论是个人还是公司，计算机硬件与软件都是必不可少的。计算机的配置当然是越高越好，因为计算机的运行速度直接影响着后期编辑速度。因此视频影像制作公司，大多要配备专门的图形工作站等高端处理硬件，来进行视频影像的后期编辑制作。

通常，个人视频编辑要想运行顺畅，在计算机的配备选择上，应注意以下几点：最好选用 8 核以上中央处理器（Central Processing Unit，CPU），选用专门的显卡，保证至少有 16GB 内存，有 2TB 以上的硬盘，配置一块 1394 采集卡（见图 9-1）。有了上述硬件，再安装合适的编辑软件（如 Camtasia Studio、Adobe Premiere、会声会影等），就可以开始工作了。

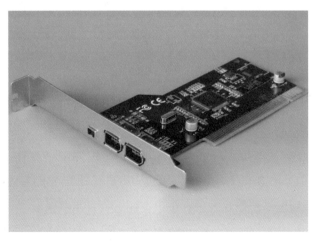

图 9-1　1394 采集卡

9.1.2　后期编辑软件

视频影像的后期编辑软件，根据用途可以分为采集软件、编辑软件、压缩软件和刻录软件等，根据专业程度又可以分为家用软件和专业软件。家用软件的特点是操作简单，功能比较少，如 Movie Maker、会声会影等；专业软件的特点是功能全面，特效强大，操作复杂，如 Edius、Sony Vegas、Adobe Premiere、Camtasia Studio 等。下面介绍几款常用的编辑软件。

1. 简易家用——Movie Maker

家用编辑软件 Movie Maker（见图 9-2）是 Windows 操作系统附带的视频编辑软件，其功能简单，上手容易。它可以组合镜头、声音，也可以加入镜头切换的特效，适合家用摄像获得的简易视频影像的编辑处理。

图 9-2　Movie Maker

2. 采编能手——会声会影

采编软件中以会声会影较为常见和实用（见图 9-3）。即使毫无经验的新手，也能轻松地用会声会影采集素材，在自己的计算机上编辑各种视频影像。

会声会影的主要特点是：具有图像抓取和编辑、修饰功能，可以采集及转换 MV、DV、V8、TV 等格式文件，并提供超过 100 种的编辑功能与效果；提供多样化的编曲配乐功能，智能搭配影片音乐；可以套用近百种生动活泼、动感十足的标题动画；可导出多种常见的视频格式，一次将多个视频文件进行不同格式的转换；可以将视频文件直接制作成 DVD 和 VCD 光盘。

3. 编辑"专家"——Adobe Premiere

Adobe Premiere 是一款优秀的视频影像编辑软件（见图 9-4）。它的合理化界面和通用的高端工具，兼顾了用户的不同需求，提供了很好的编辑能力和灵活的控制能力，可以对影像和声音素材进行多轨操作，剪辑制作多种格式的动态视频影像，提供多种操作界面来达到专业化的剪辑要求。

图 9-3 会声会影

图 9-4 Adobe Premiere

4. 专业高端——Final Cut

Final Cut 是苹果公司开发的一款专业视频影像非线性编辑软件（见图 9-5），只能在 iOS 上使用。Final Cut 一直被视为高端专业软件，受到专业制作人士的喜爱。Final Cut 功能强大，界面友好，制作方便，包含后期编辑制作所需的大部分功能，如导入并组织素材、编辑和添加效果、改善音效、颜色分级以及输出交付等。

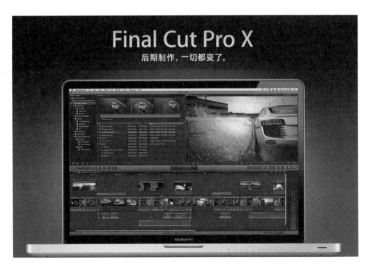

图 9-5 Final Cut

5. 国产精品——大洋编辑

国产软件大洋编辑是被国内各地电视台广泛采用的一款非线性编辑软件。这款软件价格不便宜，需要连同硬件一起购买（见图 9-6），但工作稳定，拥有强大的编辑功能、一流的字幕样本、1000 多种预制特技(包括三维)，可实现多格式混编。编辑好的视频影像可直接输出 DVD、VCD 格式素材用于刻录，也可以直接输出 RM、WMV、MOV 等流媒体格式素材用于网上发布。大洋编辑非常适合那些注重设备综合性能的专业用户使用。

图 9-6　大洋编辑一体机

6. 三维动画顶级软件——Maya

Maya 是于 1998 年推出的一款三维制作软件，被广泛用于电影、电视剧、广告和游戏等的数码特效创作（见图 9-7），曾获奥斯卡科学技术贡献奖。Maya 集成了先进的动画及数字效果技术，从普通的三维制作、视觉效果制作，到高端的建模、数字化布料模拟、毛发渲染和运动匹配，都能实现。Maya 强大的功能使其进入电影、广播电视、公司演示、游戏可视化等

图 9-7　Maya

各个领域，成为三维动画软件中的佼佼者。《星球大战前传》《透明人》《黑客帝国》等很多影片的特效都是用 Maya 完成的。

7. 压缩"大师"——TMPGEnc 与 Canopus ProCoder

采集到的 AVI 文件通常比较"巨大"，所以还要应用压缩软件对 AVI 文件进行再加工，压缩成大小适中的其他格式文件。

TMPGEnc 是一款小巧又高效的运动图像专家组（Moving Picture Experts Group，MPEG）编码工具软件，能将各种常见视频影像文件压缩、转换成 DVD 等视频格式。Canopus ProCoder 是康能普视（Canopus）公司开发的一款专业媒体格式转换软件，可以在几乎所有主流媒体格式之间进行转换，其在画质、画面细节处理方面相当出色。

9.1.3　后期编辑基本概念

1. 色彩模式

视频影像的色彩模式包括 RGB 色彩模式、灰度模式、LAB 模式和 HSB 模式等。

（1）RGB 色彩模式是由红（Red）、绿（Green）、蓝（Blue）三原色组成的色彩模式。三原色是指不能由其他色彩组合而成的色彩。RGB 色彩模式也称为加色模式。

（2）灰度模式属于非彩色模式，用单一色调来表现画面。

（3）LAB 模式是用来从一种色彩模式向另一种色彩模式转变的内部色彩模式。LAB 模式中有一个亮度通道和两个色度通道——A 和 B，其中 A 代表从绿到红，B 代表从蓝到黄。

（4）HSB 模式包含色相（Hue）、饱和度（Saturation）和亮度（Brightness）三个要素。其中色相用于区分色彩的名称；饱和度用于描述某种颜色的浓度含量，饱和度越高，颜色的强度也就越高；亮度用于描述颜色中光的强度。

2. 图形、像素和分辨率

图形、像素和分辨率是后期编辑中很重要的基本概念。计算机图形可分为两种类型：位图图形和矢量图形。位图图形也叫光栅图形，通常也称为图像，它由大量的像素组成。位图图形是依靠分辨率的图形，每一幅都包含着一定数量的像素，如常用的 JPEG 格式图像。矢量图形是与分辨率无关的独立的图形，它通过数学方程式得到，由矢量所定义的直线和曲线组成。如在 CorelDRAW、Adobe Illustrator、Adobe Flash 等软件中绘制的图形就是矢量图形，这些矢量图形可以任意缩放到不同大小，且能保持清晰的线条。

像素是构成图像的最小单位。

分辨率是指图像单位面积内像素的多少。分辨率越高，则图像越清晰。4K 分辨率是一种新兴的数字视频影像的超高分辨率标准，常见的有 3840 像素 ×2160 像素和 4096 像素 ×2160 像素两种规格，完全能满足日常视觉需求。

3. 颜色深度

图像中每个像素可显示出的颜色数叫作颜色深度，通常有以下几种颜色深度标准：24 位真彩色——每个像素所能显示的颜色数为 2^{24}，约有 1680 万种颜色；16 位增强色——每个像素显示的颜色数为 2^{16}，即有 65 536 种颜色；8 位色——每个像素显示的颜色数为 2^8，即有 256 种颜色。

4. Alpha 通道

视频编辑除了使用标准的颜色深度外，还可以使用 32 位颜色深度。32 位颜色深

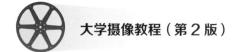

度实际上是在 24 位颜色深度上添加了一个 8 位的灰度通道，用于为每一个像素存储透明度信息。这个 8 位灰度通道被称为 Alpha 通道。

5. 非线性编辑

使用计算机对拍摄的数字视频进行处理，通常称为非线性编辑。它是应用计算机图形、图像技术，在计算机中对各种原始素材进行各种编辑操作，并将最终结果输出到计算机硬盘、光盘等记录设备上的一系列的完整的工艺过程。1970 年，美国出现了世界上第一套非线性编辑系统，经过多年的发展，现有的非线性编辑系统已经完全实现了数字化以及与模拟视频信号的高度兼容，并广泛应用在电影、电视剧、广播、网络等传播领域。

6. 时间码

视频素材的长度和它的开始帧、结束帧是由时间码单位和地址来度量的，即以时 : 分 : 秒 : 帧（00:00:00:00）的形式确定每一帧的地址。PAL 制式采纳的是 25 帧 / 秒的标准，NTSC 制式采纳的是 29.97 帧 / 秒的标准，早期的黑白电视使用的是 30 帧 / 秒的标准。

7. 帧、帧率

视频中的单张图像称为帧。视频是由一系列的帧在一定帧率（单位时间内出现的帧的数量）的情况下连续播放而形成的。典型的帧率范围是 24 ～ 30 帧 / 秒。

8. 常用的音频文件格式

常用的音频文件格式有很多，其中 WAV 文件是 Windows 操作系统支持的格式；AIF、AIFF 文件是 iOS 支持的格式，也得到了很多 Windows 应用程序的支持；MP1、MP2、MP3 文件是 MPEG 标准中的音频部分，压缩率分别是 4 : 1、6 : 1 ～ 8 : 1、10 : 1 ～ 12 : 1。

9. 常用的视频文件格式

常用的视频文件格式包括 MPEG、ASF、AVI、QuickTime 等。

（1）MPEG 包括 MPEG-1、MPEG-2 和 MPEG-4（注意：没有 MPEG-3，大家熟悉的 MP3 是 MPEG Layeur 3）。MPEG-1 被广泛应用在 VCD 的制作和一些视频影像片段下载的网络应用上，使用 MPEG-1 的压缩算法，可以把一部时长为 120 分钟的电影压缩到 1.2 GB 左右。MPEG-2 常被应用于 DVD 的制作（压缩）方面，同时在一些高清电视影像和高要求的视频影像编辑工作上运用，使用 MPEG-2 的压缩算法可以把一部时长为 120 分钟的电影压缩到 4 ～ 8 GB（当然，其图像质量等方面的指标远超过 MPEG-1）。MPEG-4 是一种新的压缩算法，使用这种算法，可以把一部时长为 120 分钟的电影压缩为 300MB 左右的视频"流"，以供在网上观看。

（2）高级流格式（Advanced Streaming Format，ASF）是一种可以直接在网上观看视频影像的文件格式。由于它使用了 MPEG-4 的压缩算法，因此压缩率和图像的质量都很不错。ASF 是以可以在网上即时观赏的视频"流"格式存在的，它的图像质量比 VCD 的差，但比同是视频"流"格式的 RAM 格式的图像质量要好，并且各类软件都对它有很好的兼容性。

（3）音频视频交错格式（Audio Video Interleave，AVI）是微软公司早期发布的格式。这种格式兼容性好、调用方便、图像质量好，但缺点也是很明显的——文件所占存储空间大。

（4）QuickTime 是苹果公司创立的一种视频文件格式。在很长的一段时间里，它只能支持 iOS，后来才发展到支持 Windows 操作系统。无论是在本地播放还是作为视频"流"格式在网上传播，这都是一种优良的视频文件格式。

9.2　后期编辑要则

9.2.1　主要流程

1. 采集和复制素材

首先将前期所拍摄的视频影像的声音和画面素材通过采集卡输入计算机，或者将数字文件直接复制到计算机（见图 9-8）。然后整理前期拍摄的所有素材，并编号归类成原始资料。

2. 研究和分析脚本

在整理视频影像素材的同时，对准备制作的影片文字脚本和分镜头脚本进行仔

图 9-8　视频采集

细而深入的研究，从主题内容和视频影像画面效果两方面进行分析，为具体的编辑制作设计工作流程和编辑台本。

3. 挑选合适镜头

审查全部的视频影像素材，然后从中挑选出内容合适、画质优良的镜头，并按照脚本的结构顺序，将这些挑选出来的镜头组接起来，构成一部完整的视频影像作品——

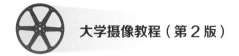

视频影像作品的第一稿。这一过程俗称粗剪。

4. 精心调整画面

对第一稿视频影像作品进行仔细分析和反复比较，并征求有关各方的意见，在此基础上精心调整有关画面，然后按调整好的结构和画面合成新的视频影像作品——视频影像作品的第二稿。这一过程俗称精剪。

5. 配音、字幕合成

认真审查精剪后的视频影像作品，若无异议，就可进行配音、添加背景音乐、添加字幕、制作片头和片尾等，并全部合成在视频影像作品画面上，成为最终完成的视频影像作品（成片）。

6. 输出

最终的成片可以采用多种形式输出。通常，成片可通过刻录机或编辑机输出为光盘或磁带形式，送到电视台进行播放或者进行市场销售，也可以通过网络进行传播。

9.2.2 后期编辑原则

从视频影像作品的内容表现上来说，后期编辑最基本的一点就是要保证画面组接流畅，使观众可以连贯地欣赏有关内容和具体情节。流畅是指画面转换过程平滑、自然，不产生干扰观众思路的视觉跳动。后期编辑原则主要有以下几点。

1. 动接动，静接静

一部视频影像作品由各种镜头组成，其中有运动镜头和固定镜头，还可以细分为主体运动、陪体静止镜头和主体静止、陪体运动镜头等。在这些镜头的衔接上，一般要求动与动相衔接，静与静相衔接，以保证画面组接的连贯。

2. 动静之间以缓冲因素过渡

动接静或静接动，要寻找缓冲因素过渡。缓冲因素是指镜头中主体的动静变化和运动的方向变化，或者活动镜头的起幅、落幅动静变化等。利用缓冲因素选取剪接点，可使该镜头与前后镜头仍保持动接动、静接静的关系，使镜头的切换更流畅。

3. 避免“三同镜头”组接

同一主体画面的组合衔接，前后两个镜头在景别和视角上应有显著变化，切忌“三同镜头”（同主体、同景别、同视角）直接组接。否则，画面无变化，还会出现令人反感的“跳帧”效果。

4. 选好动作剪接点

在展示运动画面时，切忌前后镜头的画面动作重复，让人产生多余和冗长感。如果前一镜头画面的动作是动势，后一镜头画面的动作应选变化的过程，以保证动作连贯和变化自然。

5. 遵守"轴线规律"

在人物活动有多种方向和来回运动时，要注意有一个轴线主导，以保证主体方向和位置的匹配。如果想安排"跳轴"镜头，组接时应插入过渡镜头，如天空、花草等画面。

6. 影片统一、协调

各自然段落内的画面，其亮度及影调应统一、协调，否则会产生"光不接"现象。画面的技术质量（清晰度、色彩等）也应保持一致。如遇到素材不匹配、质量较差的情况，应调整后再进行组接，以使整个视频影像作品的画面达到和谐、统一的效果。

9.2.3　常用转场技巧

视频影像（包括电影、电视剧和多媒体影像等）都是由若干画面段落连接而成的。在段落转换或场面变化时，连接前后的镜头称为转场。

由于担负着廓清段落、划分层次、连接场景、转换时空、承上启下的任务，转场非常重要。利用合理的转场手法和技巧，既可以满足观众的心理与视觉要求，保证观看的连贯，又可有明确的段落变化和层次分明的效果。转场主要分为技巧转场和无技巧转场两大类。

1. 技巧转场

技巧转场是一种分割式的画面转换。随着特技工具和技术的发展，技巧转场的花样越来越多。常用的手法有以下 6 种。

（1）渐隐、渐显

渐隐、渐显又称淡入、淡出，指画面渐渐变暗（亦可由暗到亮），再渐渐显示出另一场景。渐显指画面从全黑中逐渐显露，直到十分清晰、明亮；渐隐指画面由正常逐渐变暗，直到完全消失。

这种转场手法常用来表现大幅度的时空变换，因为开头或结束的渐渐消隐转换，可以使观众有短暂的间歇。它也用于大段落划分，表示某一个情节或内容结束，另一情节或内容开始（见图 9-9）。

图9-9 《天地玄黄》中的渐隐、渐显示意

（2）叠入、叠出

叠入、叠出也称化入、化出，是前一镜头的结束与后一镜头的开始叠合在一起的手法。两个镜头的连接融合渐变，给人连贯、流畅的感觉（见图9-10）。

图9-10 《阿凡达》中的叠入、叠出示意

（3）划入、划出

划入、划出是在画面上加进一个新场景，同时把前一个场景推或划到一边。这是过去在电影制作中通过洗印处理得到的转场技术和效果。

划入、划出有两种方式。第一种方式是新场景从一边或上方出现，把前一场景推出画面（见图9-11）。第二种方式是有一条细线横跨画面，抹掉了前一个场景，同时展现出新场景。第二种方式在画面上表现时间推移时使用较多，这条移动线可以是水平的、垂直的或倾斜的，可以从右到左或者从左到右。也可以采用更复杂的图形变

图9-11 《战国》中的划入、划出示意

化，如螺旋形的划入、划出或多角形的划入、划出，用来表现时间的推移。不过，这类引人注目的效果主要用在预告片中。

（4）甩切

甩切是一种快闪转换镜头，可以让观众视线跟着快速闪动的画面转移到另一画面。在甩切时，画面上呈现出模糊不清的流线，并立即切换到另一画面。因此，这种处理给人以激烈感和不稳定感（见图 9-12）。

图 9-12　《战国》中的甩切示意

（5）定格

定格又称静帧，就是将前一段的结尾画面做静态处理，产生瞬间的视觉停顿——像照片一样，接着出现下一段落的画面。一般来说，定格具有强调作用，是影片中常用的一种特殊的转场方法（见图 9-13）。

图 9-13　《风筝》中的定格示意

（6）虚实互换

虚实互换利用对焦点的选择，使画面中的人物发生清晰与模糊的前后交替变化，这样就形成人物前实后虚或前虚后实的互衬效果，使观众的注意力集中到清晰而突出的对象上，实现内容或场面的转换。虚实互换也可以是整个画面由实变虚或由虚变实，前者一般用于段落结束，后者一般用于段落开始，以达到转场的目的（见图 9-14）。

图 9-14 《美好时光》中的虚实互换示意

2. 无技巧转场

无技巧转场是一种连贯的转场，画面往往直接切换，利用前后镜头在内容、造型上的内在关联来转换时空，连接场景，使镜头连接自然、段落过渡流畅，无附加技巧的痕迹。

在使用无技巧转场时，前后段落间一定要有合理的转换因素。常用的手法有以下 8 种。

（1）"切"转场

"切"，也叫切换，是影片中运用较多的一种基本镜头转场方式，也是最主要、最常用的组接技巧之一。"切"转场是一种极富现代感的组合语言技巧，是内容衔接的最快途径（见图 9-15），能体现出编导对镜头运用的水平。

图 9-15 《战国》中的"切"转场示意

（2）运动转场

运动转场借助人物、动物等的动作，作为场景或时空转换的手段。这种转场方式大多强调前后镜头的内在关联性（见图 9-16）。运动转场时，可以通过摄像机运动来完成地点的转换，也可以利用前后镜头中人物、动物等的动作的相似性来转换场景。

运动转场时，由于运动本身具有连贯性，只要找准前后镜头主体动作的剪接点，场景转换就会非常顺畅。

图 9-16　《龙门飞甲》中的运动转场示意

（3）相似性因素转场

前后镜头具有相同或相似的主体形象，或者其中的物体形状相近、位置重合，在运动方向、速度、色彩等方面具有一致性因素时，就可用相似性因素转场来达到视觉连续、转场顺畅的目的（见图 9-17）。

图 9-17　《龙门飞甲》中的相似性因素转场示意

（4）特写转场

特写具有强调画面细节的特点，可暂时使人的注意力集中。因此，特写转场可以在一定程度上弱化时空或段落转换的视觉跳动（见图 9-18）。

图 9-18　《龙门飞甲》中的特写转场示意

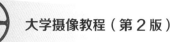

（5）景物镜头转场

景物镜头转场也被称为空镜头转场，主要是借助单独的景物镜头作为两个大段落间的间隔。景物镜头大致包括两类：一类以景为主，以物为陪衬；另一类以物为主，以景为陪衬。通常采用的有群山、山村全景、田野、天空、车辆、树叶、雕塑、工具等。用这类镜头转场具有借景抒情的作用，还可以展示相关环境风貌和时空变化（见图 9-19）。

图 9-19　《龙门飞甲》中的景物镜头转场示意

（6）遮挡转场

遮挡转场指镜头被画面内某形象暂时挡住（见图 9-20）。依据遮挡方式不同，遮挡大致可分为两类情形：一是主体迎面而来挡黑摄像机镜头，形成暂时的黑画面；二是画面内前景暂时挡住画面内其他形象，成为覆盖画面的唯一形象，如在大街上的镜头，前景闪过的汽车可能会在某一时刻挡住其他形象。当画面形象被挡黑或完全遮挡时，一般也都是镜头的切换点，它通常表示时间、地点的变化。

图 9-20　《战国》中的遮挡转场示意

（7）主观镜头转场

主观镜头是指与画面中人物视线方向相同的镜头画面。利用主观镜头转场就是按前后镜头间的逻辑关系来处理场面转换问题。它可用于大时空转换，例如，前一镜头是人物抬头凝望，后一镜头可能就是所看到的场景，也可能是完全不同的人和物，如一组建筑或者远在千里之外的父母等（见图9-21）。

图9-21 《天地玄黄》中的主观镜头转场示意

（8）承接转场

承接转场利用前后镜头之间的造型和内容上的某种呼应，以及动作连续或者情节连贯的关系，使段落过渡顺理成章（见图9-22）。有时，利用承接的假象还可以制造错觉，使场面转换既流畅又有戏剧效果。注意，寻找承接因素是逐步递进式剪辑的常用方法，也是后期编辑中应该熟练掌握的基本技巧。

图9-22 《人在囧途》中的承接转场示意

9.2.4　数字特效简介

在电影、电视剧等视频影像中，人工制造出来的假象和幻觉，被称为数字特效。它主要用来减少演员的有关风险，降低拍摄成本，增加视频影像特殊效果。随着计算机图形图像软件和数字技术的发展，数字特效的制作速度和质量有了巨大的进步，制作者可以在计算机上完成更细腻、真实、震撼的影像效果。例如，可以使用 Maya 软件来制作山崩地裂、房屋倒塌、火山爆发、海啸等实际拍摄或道具无法完成的效果，也可以使用 Maya 软件制作《精灵鼠小弟》中的老鼠、《星球大战》中的尤达大师等仿真角色。

在大多数视频影像类节目中，因为资金投入、技术、屏幕尺寸、音响效果、色彩等方面的限制，特效应用比较少。当然，随着各种高清数字影像设备的出现，数字特效将会被广泛应用。

1. 抠像

抠像就是抠素材，即去除实拍素材中的多余部分，是后期特效中最常用的手法。比如在电影中能看到这样的壮观场景：有一个人站在山上，远处火山爆发，火光冲天。但是实际上拍不到这种景观，这就需要做后期处理。具体过程是，演员站在摄影棚的绿幕前，表演并完成拍摄（见图9-23），后期制作人员将蓝色

图9-23 摄影棚绿幕拍摄

或绿色拍摄区域"抠"掉，然后通过计算机图形技术将特效场景与拍摄人物合成，就得到"真实"的震撼效果。

2. 流体模拟

借助高性能计算机的强大功能，可以雾、火焰、烟、云、水等效果进行流体模拟（见图9-24）。流体模拟是基于动力学进行计算的，因此可以产生真实的流体运动效果。

3. 粒子模拟

粒子模拟在制作特效时非常有用，可以制作水花、火焰、沙尘、烟雾等（见图9-25）。表现船在海上航行时海面产生飞溅的水花，人站在甲板看到海里的鱼群等，都可以通过粒子模拟来实现。模拟鱼群运动时，首先要得到粒子类似鱼群运动效果的运动路径，再用不同类型的鱼模型去替代粒子，即在每一个粒子的位置上"放一条鱼"，以得到集群动画的效果。

图9-24 《生命的起源》
中的流体模拟示意

图9-25 《阿凡达》中的粒
子模拟示意

4. 刚体模拟

对三维软件中的物体模型加上动力学的解算，就可以模拟刚体。如一个物体掉到地上，在地上弹跳的过程，根据对运动规律的理解，动画师可手动定义这个动画过程；但如果是无数碎块掉落、相互碰撞的效果，如有一面墙被炮击，导致碎屑四溅，制作这种效果就需要对物体碎块模型进行刚体模拟（见图 9-26）。刚体模拟借助一系列的动力学解算，可以得到仿真的运动效果。

5. 柔体模拟

在 Maya 中可以对柔软的物体进行动力学的解算，使物体得到柔软的运动姿势和变化，再经过模型仿真，这就是柔体模拟。如风中的衣服、飘扬的国旗、有弹性的皮肤、会随风飘动的毛发等效果都可以通过柔体模拟来实现（见图 9-27）。

图 9-26　《阿凡达》中的刚体模拟示意　　图 9-27　《阿凡达》中的柔体模拟示意

9.3　后期特效制作实例

制作各种特效，是视频影像后期编辑制作中必不可少的重要阶段。无论是文字特效，还是图形图像特效，无论是简要特效，还是复杂特效，只要学习并掌握了视频后期制作软件的用法，知晓有关的图形图像制作技巧，就可以制作出来。当然，要想获得各种炫目、逼真、精美、奇特、艳丽的影像特效，只有通过不断学习才能真正实现。

下面将通过一个真实案例来演示后期特效制作的常用方法、步骤和技巧。为了便于了解整个制作的流程，接下来会先介绍使用特效软件 Adobe After Effects CS5（以下简称 AE）进行简易文字特效制作并输出的过程；然后介绍将文字特效视频文件导入 Adobe Premiere CS5 中，和其他视频影像、图像、声音文件进行拼接剪辑并输出成片的过程。

9.3.1 简易文字特效制作

由于文字特效有着各种奇特的字体形状和多变的色彩效果，现在几乎所有视频影像作品的片头和片尾都会制作文字特效。比如，电影《黑客帝国》中的字幕墙就是经过后期特效制作出来的。

1. 设置基本文字

首先启动 AE 软件，进行如下操作。

（1）选择菜单栏中的"Composition（位置）>New Composition（新位置）"命令，打开"Composition Settings（位置设置）"对话框，在"Preset（预设）"下拉列表框中选择"PAL D1/DV Widescreen Square Pixel"，"Width（宽）"参数修改为1050，"Height（高）"参数修改为576，设置"Duration（持续时间）"参数为00:00:30:00，并命名为"文字特效"，其他保持默认设置，单击"OK"按钮（见图9-28）。

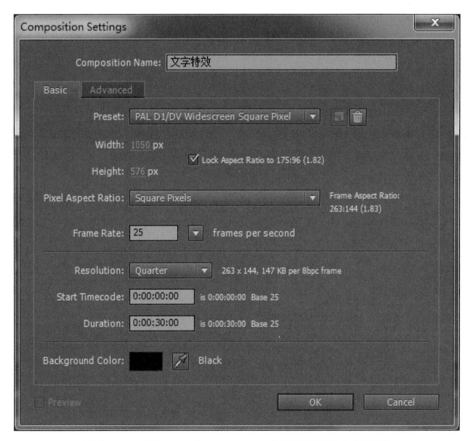

图9-28 "Composition Settings（位置设置）"对话框

（2）在工具栏上选择文字工具，输入"漳州科技职业学院"字样，合成面板中显示图9-29所示的内容，时间线面板的文字层名称同时改变。

图 9-29　输入文字

（3）使用文本工具选中刚输入的文字，在"Character（字体）"面板中设置字体为仿宋，文字颜色为橙色，文字大小为 70px，文字间距为 0，如图 9-30 所示。设置后的文字如图 9-31 所示。

图 9-30　文字格式设置

图 9-31　文字显示

对于文字，字体、颜色、字号和文字间距是最重要的几个参数，必须要了解它们对文字样式的作用。当然还可以根据需要，进行多行文字对齐、字体基线偏移等设置。

2. 设置文字动画

（1）单击"Animate（动画）"右边的按钮，展开可以为文字添加动画属性的菜单，选择"Opacity（不透明度）"，如图 9-32 所示。

（2）在 Animator（动画控制器）中把"Opacity"设为 0%。这一步的目的是使文

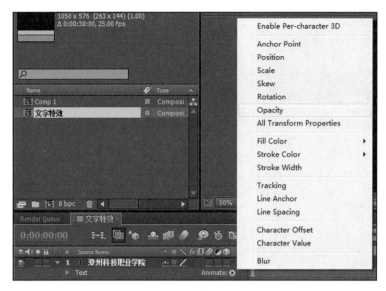

图 9-32　"Animate（动画）"展开菜单

字变化后的状态为完全透明，但是现在所有文字都在选区中，所以所有文字都变成了完全透明（见图 9-33）。

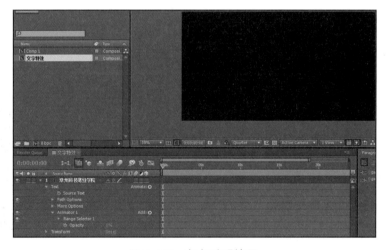

图 9-33　文字透明效果

（3）为"Start（开始位置）"设置关键帧，在 00:00:00:00 处单击码表添加关键帧，记录其为 0% 的状态；移动时间指示标到 00:00:05:00 处，将"Start"设为 100%，如图 9-34 所示。

此时进行播放预览，可以看到文字在合成面板中依次出现。这是一种基本的打字动画，即文字从左到右依次出现。可以看出，设置文字动画主要就是设置选区动画，让文字在初始状态和修改状态之间产生过渡变化。

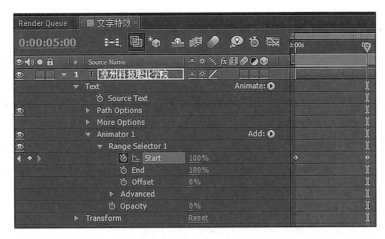

图 9-34　参数设置

（4）单击 Animator 右侧的按钮，在弹出的菜单中选择"Property（属性）>Rotation（旋转）"命令，如图 9-35 所示，即在 Animator 中增加了一个旋转参数。

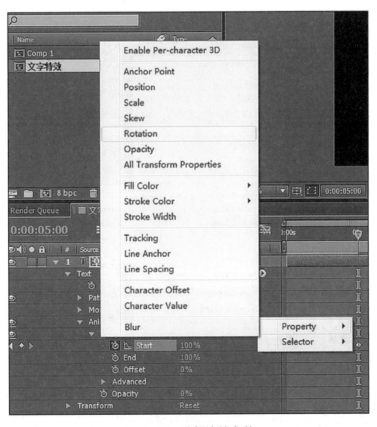

图 9-35　选择旋转参数

（5）设置 Rotation 为 $1 \times 0.0°$，即旋转一周，如图 9-36 所示。可以看到，此时文字同时产生了不透明度、旋转和缩放方面的变化。旋转的中心点在文字底部，下面要设置文字的中心点。

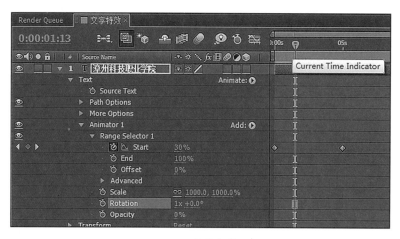

图 9-36　旋转参数设置

（6）单击 Animator 右侧的 Add 按钮，在弹出的菜单中选择"Property>Fill Color（填充颜色）>Hue（色相）"命令，即可为文字增加一个颜色参数，如图 9-37 所示。

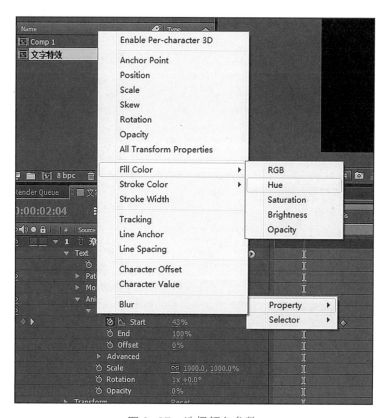

图 9-37　选择颜色参数

（7）设置"Fill Hue（填充色相）"为 1×0.0°，即颜色沿色环循环一圈，如图 9-38 所示。

图 9-38　颜色参数设置

此时，可以看到文字的颜色产生了变化。这样就得到了不透明度设置、旋转以及颜色变换的效果。

3. 制作文字动画的背景

（1）在时间线面板的空白处单击鼠标右键，在弹出的快捷菜单中选择"New（新建）>Solid（固态层）"命令，如图 9-39 所示。

（2）建立一个新的固态层，并将其命名为"文字背景"（见图 9-40），图层为任意颜色，并将其拖曳到文字层的底部，如图 9-41 所示。

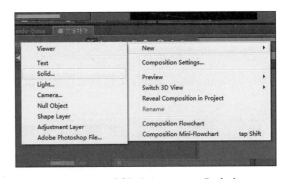

图 9-39　选择"New>Solid"命令

图 9-40　创建固态层

图 9-41　拖曳固态层

（3）选中固态层，选择菜单栏中的"Effect（效果）>Generate（生成）>4-Color Gradient（四色渐变）"命令，得到图 9-42 所示的默认效果。

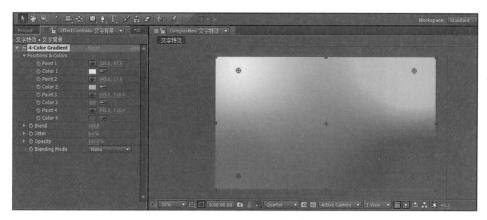

图 9-42　固态层效果

（4）4-Color Gradient 特效是一个简单、明了的特效，使用方法与 Ramp（渐变）特效相似。不同的是，4-Color Gradient 特效多了两个控制点和两种色彩。调整其中一个控制点的位置，将其放置到层的中心，设置该控制点的颜色为黑色，用于突出文字效果；拖曳其余 3 个控制点到画面的外部，并设置对应的色彩为稍偏灰调的颜色（至于设置为何种颜色可根据自己的喜好进行设置）。

至此，文件部分的特效动画完成。如果想做出更多动画，可以自行调整不同参数来获得相应的特效。接着将视频文件输出成 AVI 格式，如图 9-43 所示。

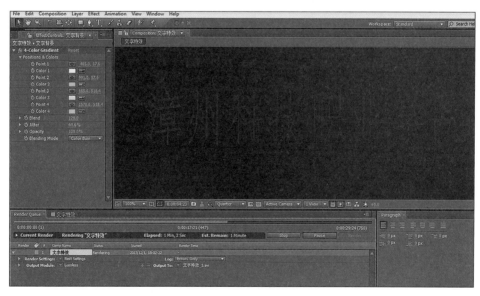

图 9-43　渲染输出

最后，将输出的 AVI 格式文件导入 Adobe Premiere CS5 中进行合成。

9.3.2　文字与视频影像合成

1. Adobe Premiere CS5 合成制作

在文字制作完成后，还必须通过软件将其放到视频影像画面中。这时，需要将它和其他视频影像一起导入软件，并在时间线面板上进行排放，剪切冗余的画面和声音，叠加转场特效，来完成整个视频影像的制作。

（1）启动 Adobe Premiere CS5 软件后，选择"New Project（新项目）"新建工程文件（见图 9-44），并命名为"文字特效视频"；选择 DV-PAL Standard 48kHz 制式的文档（见图 9-45），并将合成序列命名为"文字特效合成"。

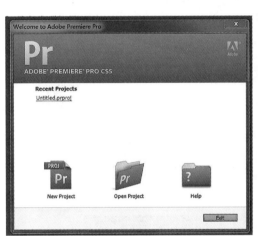

图 9-44　新建工程文件　　　　　图 9-45　工程文件设置

（2）完成设置后会弹出新建的空白文件。接下来，将制作的文字效果、视频影像、图片、音频等素材导入 Adobe Premiere CS5，如图 9-46 所示。

（3）注意一下工具栏。工具栏里面主要有 11 种工具，对于一般的剪辑而言，主要运用的是选择工具和剃刀工具，如图 9-47 所示。

（4）将文字特效文件从素材面板拖曳到合成时间线上。这里将音频素材拖曳到 Audio 1 合成时间线上，如图 9-48 所示。

（5）将所有会用到的素材按顺序拖曳到时间线上，开始进行具体的剪辑，如图 9-49 所示。

（6）选择工具栏中的剃刀工具，或者按快捷键 C，移动到文字特效第 5 秒的位置，单击鼠标右键，素材会被剪切成两个独立的片段。单击工具栏中的选择工具，将要删除的素材选中并按键盘上的 Delete 键将其删除。

图 9-46　文件导入

图 9-47　工具

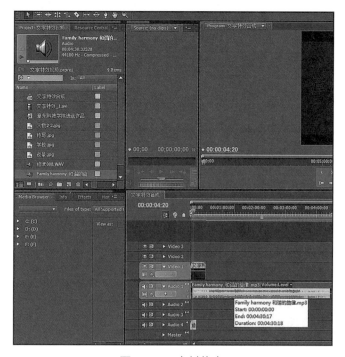

图 9-48　素材拖曳

（7）按照相同的方法，对其他素材进行剪切，删除多余的素材，并单击选择工具将留下的素材拖曳重新组合。最终完成的效果如图 9-50 所示。

图 9-49　素材拖曳完成

图 9-50　完成效果

2. 转场特效

（1）Adobe Premiere 提供了众多视频影像特效和转场特效，这里主要介绍转场特效。在 Window 窗口中选择 "Effects"，就会显示常用特效，单击 "Video Transitions（转场）"即可展开转场特效，如图 9-51 所示。

图 9-51　展开转场特效

（2）选择"Dissolve（溶解）"中的"Cross Dissolve（交叉溶解）"转场特效，如图9-52所示。

（3）将时间梭移动到转场特效添加的位置。在视频影像合成监视面板中就可以观察到视频影像切换的特效了，如图 9-53 所示。

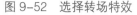

图 9-52　选择转场特效　　　　　　　图 9-53　效果预览

单击时间线上的"Cross Dissolve"转场特效，就可以在属性设置面板里对视频影像特效的细节进行调整了。视频影像特效的添加方法和转场特效的添加以及调整方法基本一致，这里不赘述。

9.3.3 音频编辑合成

下面对音频进行必要的编辑。

（1）选中"Audio 1"上的音频，在 Adobe Premiere CS5 软件环境下，可以直接通过音量按钮在音频素材上进行音量调节（见图 9-54）。

图 9-54 音频设置

（2）将时间梭移至 00:00:00:00 处，选中音频文件，单击音频关键帧按钮（见图 9-55）激活关键帧码，就在时间线的 00:00:00:00 处标记了一个关键帧信息，然后将时间梭移至 00:00:00:10 处单击。这样，就完成了音频关键帧信息的标记工作。单击

图 9-55 音频关键帧按钮

选择工具，移动到第一个标记处选中，然后向下拖动，就会将时间线 00:00:00:00 处的标记拖曳至底部，这样就完成了音频由弱到正常音量的音频特效制作。

（3）导入音频设置。在 Adobe Premiere 中，还可以导入外部的音频文件，作为视频影像的解说、特效音或背景音乐。将音频文件拖曳到"Audio 1""Audio 2"等轨道上，可单独进行剪辑，操作方法和之前的类似（见图 9-56）。

图 9-56 导入音频设置

（4）视频影像的输出。当视频影像剪辑完成后，就需要输出成一个完整的视频影像文件，以方便在其他播放器上进行播放。选择菜单栏中的"File（文件）>Export（输出）>Media（媒体）"命令，如图 9-57 所示。

（5）然后在导出面板中设置格式为 AVI，如图 9-58 所示。

（6）设置好参数后，单击"Export"按钮进行输出，如图 9-59 所示。

（7）输出完成后，就可以在播放器上播放视频了，如图 9-60 所示。

至此，视频影像剪辑的整个流程完成，大家可以据此学习并掌握常用、基础的特效制作手段和技巧，在此基础上稍加演变，就可以制作更多精彩的视频影像特效。

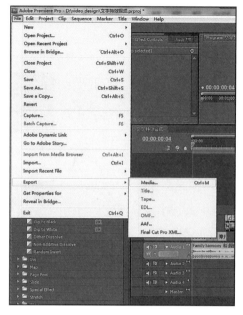

图 9-57　选择"File>Export>Media"命令

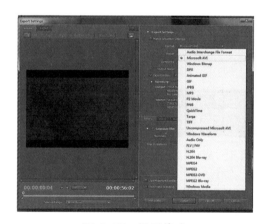

图 9-58　设置格式

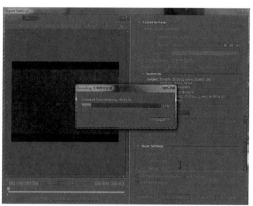

图 9-59　合成文件输出

图 9-60　播放视频

9.4　手机视频影像编辑

使用手机拍摄视频影像，已经成为人们非常喜爱的拍摄方式。与之对应的，手机视频影像编辑软件也越来越多，它们的操作大同小异。只要我们掌握了一种手机视频影像编辑软件，再操作其他手机视频影像编辑软件就很容易了。

下面以当下流行的手机影像视频编辑软件——"剪映"为例，简要讲解用手机快速编辑视频影像的核心技巧。

9.4.1　剪映的界面与功能

在当下流行的手机视频编辑软件中，剪映非常受欢迎，其优点是操作简便，视频影像特效可以智能化编排。这款软件可从官网或应用商店下载并一键安装，装好之后手机桌面上会出现剪映的图标（见图9-61）。

图 9-61　剪映的图标

打开剪映后，其工作界面下方会自动显示素材或者最近编辑过的草稿（见图9-62）。点击上方的"开始创作"按钮，就可以开始编辑新视频。

导入合适的素材，预览区会出现导入的素材画面，表示已进入编辑工作状态。在编辑界面中，上方是当前等待编辑的视频影像画面预览区，中间是时间轴和视频编辑轨道——可在其中自由拖动实现预览，底部为剪映的功能选项——"剪辑""音频""文字""添加贴纸""画中画""特效""滤镜""比例""背景"调节等（见图9-63）。

图 9-62　剪映的工作界面

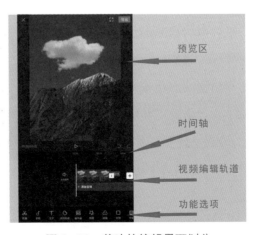

预览区

时间轴

视频编辑轨道

功能选项

图 9-63　剪映的编辑界面划分

9.4.2 视频影像编辑加工

1. 导入视频影像素材

用来编辑加工的视频影像素材，需要采集并导入剪映软件。

剪映软件可以自动识别出手机中存储的照片和视频影像，也可以导入素材库中丰富的素材，还可以将互联网或者其他设备上的照片和视频影像导入手机进行编辑。

导入素材的具体操作为：点击界面上方的 + 按钮，进入素材导入界面，然后勾选本地照片或视频影像，或者选择素材库中的素材，再点击右下角的"添加"按钮，就会将选中的所有素材导入（见图9-64、图9-65）。

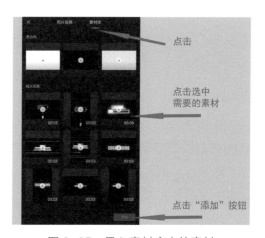

图 9-64 导入本地照片或视频影像　　　　图 9-65 导入素材库中的素材

导入完相关素材之后，就可以剪辑视频影像了。

2. 视频影像画面剪辑

导入素材后，进入编辑界面，所有剪辑工作都是在这个界面里进行的。

为了使后面的视频影像编辑工作更加顺畅，我们一般会对前期拍摄的原始视频影像素材进行专门的加工。点击左下角的"剪辑"功能选项后，就可以选择"分割""编辑""调节"等多个功能（见图9-66）。

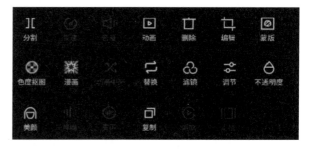

图 9-66 剪辑菜单

（1）画面裁剪

"裁剪"是对画面进行修正的重要手段，点击"编辑"按钮，再点击"裁剪"按钮（见图 9-67），预览区中的画面四周会出现白色边框（见图 9-68），这时就可以对主界面的画面进行裁剪了。

图 9-67　"裁剪"按钮

　　具体操作为：选中白色边框并自由拖动来保留需要的画面，还可以通过划动刻度条来调节画面的偏转角度，以及选择画面呈现的比例，最后点击右下角的"√"按钮，保存修改。

　　（2）视频影像分割

　　"分割"是将一个视频影像切断，实现一分为二。具体操作为：以编辑界面视频影像编辑轨道上的白色竖线为基准线，将基准线移动到需要分割的时间节点上，点击"剪辑"按钮，再点击"分割"按钮，即可将当前视频影像从该时间节点分割成两段视频影像（见图 9-69）。

　　需要说明的是，视频影像分割可以将一段长视频影像一分为二，也可以把有缺陷的画面切割出来，然后删除以精简、修饰画面。点击视频影像编辑轨道上的视频影像片段，呈现白色边框的为被选中的视频影像片段，然后点击下方的"删除"按钮，即可删除此段视频影像（见图 9-70）。

图 9-68　裁剪操作

图 9-69　视频影像分割

　　（3）视频影像调节

　　向右滑动最下方的功能选项，找到"调节"按钮，点击"调节"按钮即可对导入的视频影像素材的亮度、对比度等进行调整，如使原画面变亮或变暗、色彩变得更鲜艳等。调整好之后点击右下角的"√"按钮可进行保存（见图9-71）。

图 9-70　视频影像删除

图 9-71　视频影像调节

（4）视频影像合成

在剪映里可以很轻松地进行视频影像合成。点击视频影像编辑轨道右侧的 + 按钮，进入素材导入界面，与最初的素材导入方式相同。选中素材并添加之后，在视频影像编辑轨道上就可看到新加入的素材，与前一个素材连接在一起（见图9-72）。

（5）特别提醒

调节视频影像编辑轨道上的基准线时，可以通过双指按住时间轴做捏合或扩张动作来缩小或放大时间轴，以便更精确地找到所需要的关键帧。

图 9-72　视频影像合成

上述编辑步骤完成后，要及时点击"√"按钮进行保存，再次打开剪映即可看到最近保存过的剪辑草稿。而在编辑界面右上角点击"导出"按钮，可将编辑的视频影像保存到手机相册中或者保存为草稿，以便后续需要时再次导入或直接进行编辑。

9.4.3　视频影像动画效果

1.视频影像特效

在剪映编辑界面下方的功能选项中点击"特效"按钮后，就可在特效菜单中选择需要的特效，此处选择"开幕"特效（见图9-73）。选好特效后点击"√"按钮进行添加，然后退出选择界面，此时在编辑界面的视频影像编辑轨道上会出现一段标记着所选特效名称"开幕"的时间区块，拖曳区块两端可以修改起始、结束时间。拖曳区块移动位置，特效会在时间轴上对应的时间内生效（见图9-74）。点击选择该时间区块后，还可以通过下方的工具栏进行特效替换、删除等操作。

图 9-73　特效菜单

图 9-74　添加"开幕"特效

2. 画中画

画中画是一个生动、有趣且富有特色的编辑功能，可以实现多个视频影像在同一画面内播放的效果。

具体操作如下：先导入第一段视频影像，然后在编辑界面下方的功能选项中点击"背景"按钮，再点击"画布颜色"按钮，选择合适的画布颜色以设定视频影像播放时的底色；也可以通过点击"画布样式"按钮选择预设的背景图（见图9-75），或点击"画布模糊"按钮用模糊过的视频

图 9-75　画中画背景

影像画面作为背景图。背景选择完成后，点击右下角的"√"按钮保存设定。

然后点击编辑界面下方功能选项中的"画中画"按钮，再点击"新增画中画"按钮，选中并导入所需的第二段视频，此时背景图上会同时出现两段视频影像（见图9-76）。点击视频影像编辑轨道上的任意一段视频，即可通过双指缩放的动作调整视频的画面比例，拖曳视频到合适的位置。如果需要调整两段视频影像的长度或起始时间，可在视频影像编辑轨道上拖曳对应视频影像区块的两端来改变。

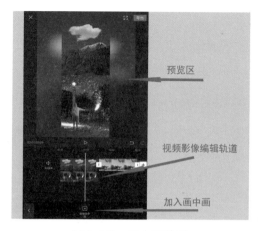

图 9-76　画中画效果

3. 滤镜效果

在编辑界面下方的功能选项中点击"滤镜"按钮，选择一款合适的滤镜效果，就可以自动添加某种影像效果。例如，选择"自然"滤镜效果，此时在视频影像编辑轨道上会出现一段标记为"自然"的区块，可以通过拖曳区块来调整该滤镜效果的持续时间和起始位置（见图9-77）。另外，在滤镜效果选项上方有一个滑动条，左右拖动滑动条就可以调节滤镜效果的强度。最后点击右下角的"√"按钮，保存滤镜效果。

图 9-77　"自然"滤镜效果

9.4.4　视频影像转场

1. 入场、出场动画

点击编辑界面下方功能选项中的"剪辑"按钮，然后点击"动画"按钮，会出现3个选项，分别是"入场动画""出场动画"和"组合动画"，它们能够为视频影像编辑轨道上基准线所标识的视频影像提供一个对应的动画效果。选择"入场动画"中的"放大"动画效果（见图9-78），

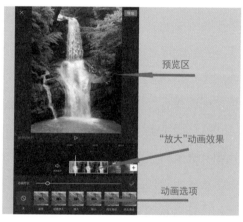

图 9-78　"放大"动画效果

通过滑动条可调节此动画效果的时长，然后点击右侧的"√"按钮完成设置。同理可完成其他两种动画效果的设置。其中"组合动画"是综合功能项，包含了"入场动画"和"出场动画"的混合动画效果（需进行预设）。"组合动画"提供多种不同的方案，实际操作中应根据需要做出最佳选择。

2. 转场

首先新建并导入至少两个视频影像片段，然后在视频影像编辑轨道上找到这两个视频影像片段交接的位置，点击两个视频影像之间的小白块（见图 9-79），底部会出现转场选项。此时选择"幻灯片"分类里的"翻页"效果（见图 9-80），再拖动下方的滑动条调节转场时长。

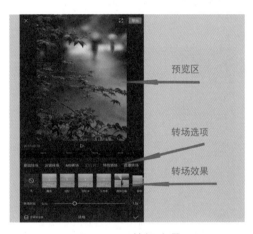

图 9-79　打开转场选项　　　　　　　图 9-80　转场选项

完成上述设置后，点击左下角的"应用到全部"按钮，可以将此转场效果应用到所有视频影像段落的转场中；然后点击右下角的"√"按钮，保存转场设置。

9.4.5　音频与字幕

1. 音频添加

剪映中音频的编辑比较简单，首先在视频影像编辑轨道左端选择打开 / 关闭原声，然后点击编辑界面下方功能选项中的"添加音频"按钮（见图 9-81），再点击"音乐"按钮可以添加预设的各种音乐素材，也可以导入手机里保存的音乐（见图 9-82）。

点击"音效"按钮，可添加的音效素材包含数十种分类，共计上百种声效。合理选用音效可以给视频影像烘托氛围（见图 9-83）。

另外，还可以通过"录音"按钮即时录入音频素材，这种方式可以用于制作解说配音，也可用于添加对白，非常便捷（见图 9-84）。

图 9-81　音频添加

图 9-82　导入音乐素材

图 9-83　导入音效

图 9-84　录制音频

　　在导入某段音频之后，视频影像编辑轨道下方会出现标识此音频名字的音频区块。点击此区块后，在编辑界面下方会出现该段音频的详细调整选项，包括"音量""淡入淡出"等。拖曳此区块可以调整音频的起始点。

2. 文字编辑

　　剪映中的文字编辑状态是通过点击编辑界面下方功能选项中的"文字"按钮进入的。

　　点击"新建文本"按钮，预览区中会出现一个文字框（见图 9-85），然后输入要添加的文字，通过手指拖曳、双指捏合或扩张可以调整文字的角度和大小。

　　这时在视频编辑轨道下方会出现所添加文字的区块，通过拖曳文字区块确定其在视频中的起始时间和显示的时长。点击画面中输入的文字，可以在下方文字选项的"样式"分类调整文字的字体、颜色、透明度等（见图 9-86），还可以在"动画"分类中调整文字的入场和出场动画。

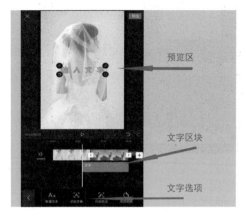
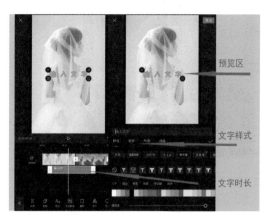

图 9-85　文字编辑　　　　　　图 9-86　调整文字时长和样式

点击"识别字幕"或"识别歌词"，在弹出的对话框里点击"开始识别"，可以让剪映智能识别出素材原声或添加音频中的内容并转化为文字，然后显示在视频影像画面下方。

9.4.6　片头与片尾

好的片头与片尾不仅能增加视频影像的辨识度，还可以优化视频影像的观赏效果。片头可以引起观众的兴趣，起到预热的作用；片尾则可以对视频影像进行诠释和总结。片头、片尾也可用于介绍视频影像作者、拍摄花絮或对视频影像内容进行补充，这些手段都能很好地丰富视频影像内容，进一步吸引观众。

1. 片头与片尾制作

添加视频片头很简单，将视频影像编辑轨道上的白色基准线移到视频影像最左端，然后点击右侧的 [+] 按钮，选中准备好的视频影像片段并点击右下角的"添加"按钮，该视频影像片段便会出现在视频开头。这时再对片头进行时间长度的调整即可。同理，在视频影像编辑轨道最右端进行类似的操作，即可添加片尾（见图 9-87）。

2. 导出与发布

在完成整个视频影像的编辑后，选定合适的分辨率（越大越清晰）和帧率（越高越流畅），点击编辑界面右上角的"导出"按钮，就可将视频影像保存到手机上，还可以在导出完成界面中点击"抖音短视频"，将视频影像发布到抖音上（见图 9-88）。这时在手机相册中，可以找到已经导出为 MP4 格式的视频影像。

图 9-87　片头与片尾制作

图 9-88　导出与分享

　　剪映软件作为一款手机视频影像编辑软件，操作简单且功能比较全面，虽然相对于 Adobe Premiere 等软件来说，剪映的编辑功能比较单一，但也正是因为其操作简便、易上手，很多没有专业知识的人也用它制作出了有趣而精彩的视频影像，给我们的生活增加了欢乐。

思考和训练题

　　（1）常用的后期编辑软件有哪些？

　　（2）简述后期编辑原则。

　　（3）常用的转场技巧有哪些？

　　（4）练习抠像操作。

　　（5）练习在 AE 软件里制作文字特效。

　　（6）练习在 Adobe Premiere CS5 软件里合成文字与视频影像。

　　（7）练习在 Adobe Premiere CS5 软件里编辑音频。

　　（8）自己设计和写作剧本，拍摄自己的学习和生活等素材，并进行后期编辑，完成一部个人简介视频影像。